普通高等院校计算机基础教育"十三五"规划教材

办公自动化案例教程

梁 燕 何 桥 主编

中国铁道出版社有限公司
CHINA RAILWAY PUBLISHING HOUSE CO., LTD.

内 容 简 介

本书基于 Windows 7 和 Office 2010 平台，以计算机办公软件应用为基础，以计算机与办公自动化设备实践为重点，采用"案例引导、任务驱动"的模式，系统地介绍了办公自动化软件及硬件设备的使用方法。主要内容分为三大部分：办公自动化软件应用，包括Word 文字处理软件应用、Excel 电子表格处理软件应用、PowerPoint 演示文稿软件应用、Access 数据库软件应用、计算机网络应用、多媒体技术应用、协同办公系统应用；办公自动化硬件应用，包括微型计算机组装与操作系统安装、多功能一体机、考勤机、数码照相机、扫描仪、打印机、复印机、传真机、光盘刻录机、投影仪和碎纸机设备的工作原理、使用方法和日常维护；办公自动化实验，包括课堂实验设计和综合实验设计。

本书案例丰富，语言通俗易懂，实用性、操作性强，适合作为高等学校计算机及办公自动化课程的教材，也可以作为办公人员培训教材或教学参考书。

图书在版编目（CIP）数据

办公自动化案例教程/梁燕，何桥主编. —3版. —北京：
中国铁道出版社有限公司，2020.2（2021.11重印）
普通高等院校计算机基础教育"十三五"规划教材
ISBN 978-7-113-26407-9

Ⅰ.①办… Ⅱ.①梁… ②何… Ⅲ.①办公自动化-
应用软件-高等学校-教材 Ⅳ.①TP317.1

中国版本图书馆CIP数据核字(2020)第025851号

书　　名：办公自动化案例教程
作　　者：梁 燕 何 桥

策　　划：刘丽丽　　　　　　　　　　　编辑部电话：(010) 51873202
责任编辑：刘丽丽
封面设计：刘　颖
封面制作：刘　莎
责任校对：张玉华
责任印制：樊启鹏

出版发行：中国铁道出版社有限公司（100054，北京市西城区右安门西街8号）
网　　址：http://www.tdpress.com/51eds/
印　　刷：北京柏力行彩印有限公司
版　　次：2010年8月第1版　2020年2月第3版　2021年11月第3次印刷
开　　本：787 mm×1 092 mm　1/16　印张：13.5　字数：334千
书　　号：ISBN 978-7-113-26407-9
定　　价：45.00元

第三版前言

PREFACE

随着信息技术的迅猛发展，用人单位对大学毕业生的计算机与办公自动化应用技能方面的要求与日俱增，在工作中能够较好地应用计算机与办公自动化设备已成为大学毕业生就业的必备条件之一。为了深入开展实践教学、不断地增添新的教学内容和进一步满足大学生与办公人员的实际需求，我们编写了本书。本书内容涵盖了办公自动化Office系列软件、计算机的外围设备和办公自动化设备的实践应用，弥补了大学计算机基础课程中实践应用不足的问题，拓宽了大学生计算机的应用领域。

本书基于Windows 7和Office 2010平台，以计算机办公软件应用为基础，以计算机与办公自动化设备实践为重点，采用"案例引导、任务驱动"的模式，以虚拟的办公情景为例，模拟实际办公任务的操作过程，介绍了实用的办公信息技术、办公软件的使用方法和办公硬件设备的操作过程，围绕典型案例对办公系统的软硬件功能进行了详细的说明。

全书共分为三大部分，采用图文案例与操作相结合的形式进行编写，并提供了案例操作的相关素材。第一部分办公自动化软件应用，系统地介绍了Word文字处理软件应用、Excel电子表格处理软件应用、PowerPoint演示文稿软件应用、Access数据库软件应用、计算机网络应用、多媒体技术应用、协同办公系统应用。第二部分办公自动化硬件应用，系统地介绍了微型计算机组装与操作系统安装、多功能一体机、考勤机、数码照相机、扫描仪、打印机、复印机、传真机、光盘刻录机、投影仪和碎纸机等设备的基本工作原理、使用方法和日常维护。第三部分是办公自动化实验。通过本书的学习与实践，可以提高读者的计算机与办公自动化设备操作技能。

本书由梁燕、何桥担任主编，负责全书的统稿工作。具体编写分工为：第1、13章由孙开岩编写，第2、16章由韩智颖编写，第3、11章由张丽明编写，第4、5章由孙继刚编写，第6、12、14章由王菲菲编写，第7章由刘振宇编写，第8、9章由何桥、李竹编写，第10章由夏凤龙编写，第15、17、18章和第三部分由梁燕编写。

本书经过多年的应用，得到了广泛的认可，为了适应计算机与办公自动化应用的不断发展，满足大学生与办公人员的实际需求，编者在第二版的基础上进行了修订与升级，结合办公自动化软件的升级，对案例进行了填充与完善；结合办公自动化硬件的发展，对办公设备的使用方法等进行了填充与更新。由于编者水平有限，书中难免有不足之处，欢迎读者对本书提出宝贵意见和建议。

编　者

2019年11月

第二版前言

随着信息技术的迅猛发展，用人单位对大学毕业生的计算机与办公自动化应用技能方面的要求与日俱增，在工作中能够较好地应用计算机与办公自动化设备已成为大学毕业生就业的必备条件。为了深入开展教学改革、不断地增添新的教学内容和进一步满足大学生与办公人员的实际需求，我们编写了本书。本书内容涵盖了办公自动化Office系列软件、计算机的外围设备和办公自动化设备的实践应用，弥补了大学计算机基础课程中实践应用不足的问题，拓宽了大学生计算机的应用领域。

本书基于Windows 7和Office 2010平台，以计算机办公软件应用为基础，以计算机与办公自动化设备实践为重点，采用"案例引导、任务驱动"的模式，以虚拟的办公情景为例，模拟实际办公任务的操作过程，介绍了实用的办公信息技术、办公软件的使用方法和操作技巧，围绕典型案例对办公系统的功能进行了详细的说明。

全书共分为三大部分，采用图文案例与操作相结合的形式进行编写。第一部分办公自动化软件应用，系统地介绍了Word文字处理软件应用、Excel电子表格处理软件应用、PowerPoint演示文稿软件应用、Access数据库软件应用、计算机网络应用、多媒体技术应用、协同办公系统应用。第二部分办公自动化硬件应用，系统地介绍了微型计算机组装与操作系统安装、多功能一体机、考勤机、数码照相机、扫描仪、打印机、复印机、传真机、光盘刻录机、投影仪和碎纸机等设备的基本工作原理、操作过程和日常维护。第三部分是办公自动化实验。通过本书的学习与实践，可以提高读者的计算机与办公自动化设备操作技能。

本书由何桥、梁燕担任主编，负责全书的统稿工作。具体编写分工如下：第1、13章由孙开岩编写，第2、16章由韩智颖编写，第3、11章由张丽明编写，第4章由徐一平编写，第5、14章由张可新编写，第6、12章由王菲菲编写，第7章由刘振宇编写，第8、9章由何桥编写，第10章由夏凤龙编写，第15、17、18章和第三部分由梁燕编写。

本书经过多年的应用，在第一版的基础上进行了修订与升级。由于编者水平有限，书中难免有不足之处，欢迎读者对本书提出宝贵意见和建议。

编　者
2015年5月

第一版前言

随着信息技术的迅猛发展，用人单位对大学毕业生的计算机与办公自动化应用技能方面的要求与日俱增，在工作中能够较好地应用计算机与办公自动化设备已成为大学毕业生就业的必备条件。为了深入开展教学改革、不断地增添新的教学内容和进一步满足大学生与办公人员的实际需求，我们编写了本书。本书内容涵盖了办公自动化Office系列软件、计算机的外围设备和办公自动化设备的实践应用，弥补了大学计算机基础课程中实践应用不足的问题，拓宽了大学生计算机的应用领域。

本书以计算机办公软件应用为基础，以计算机与办公自动化设备实践为重点，采用"案例引导、任务驱动"的模式，以虚拟的办公情景为例，模拟实际办公任务的操作过程。本书介绍了实用的办公信息技术、办公软件的使用方法和操作技巧，围绕典型案例对办公系统的功能进行了详细的说明。

全书共分为三大部分，采用图文案例与操作相结合的形式进行编写。第一部分办公自动化软件应用，系统地介绍了Word文字处理软件应用、Excel电子表格处理软件应用、PowerPoint演示文稿软件应用、Access数据库软件应用、计算机网络应用。第二部分办公自动化硬件应用，系统地介绍了微型计算机组装、多功能一体机、数码照相机、扫描仪、打印机、复印机、传真机、光盘刻录机、投影仪和碎纸机等设备的基本工作原理、操作过程和日常维护。第三部分是办公自动化实验。通过本书的学习与实践，可以提高读者计算机与办公自动化设备的操作技能。

本书的第1、13章由韩智颖编写，第2、10章由孙开岩编写，第3、8章由赵玉琦编写，第4、9章由王菲菲编写，第5、11章由张可新编写，第6、7章由何桥编写，第12、14、15章和第三部分由梁燕编写，全书由何桥、梁燕统稿。

由于编者水平有限，加之时间仓促，书中难免有不足之处，欢迎读者对本书提出宝贵意见和建议。

编　者
2010年6月

目　录

第一部分　办公自动化软件应用

第二部分　办公自动化硬件应用

第三部分　办公自动化实验

第一部分
办公自动化软件应用

第  章

Word文字处理软件应用

案例1　公司简介宣传册

案例描述

本案例要求制作某公司的公司简介宣传册。公司简介的目的是让浏览者通过阅读该简介了解公司的一些基本情况，例如公司成立日期、经营范围、规模、实力、发展状况、经营特色等。公司简介宣传册的制作需要规范、清晰、图文并茂、重点突出。

本案例要求参照图 1-1~图 1-3 设计某软件技术公司的公司简介宣传册。

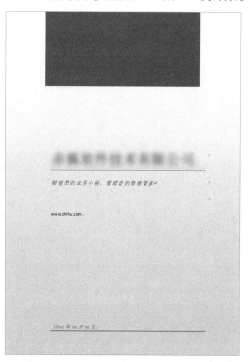

图1-1　"公司简介宣传册"封面样图

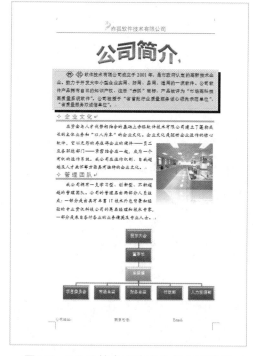

图1-2　"公司简介宣传册"第二页样图

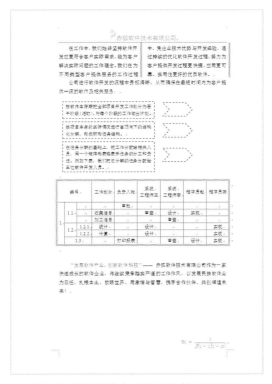

图1-3　"公司简介宣传册"第三页样图

案例分析

本案例要为某软件技术公司设计并制作公司简介宣传册，要求在文档处理过程中做到重点内容清晰明了、图文对象布局巧妙、色彩搭配合理。本案例应用到 Word 的字符格式化、段落格式化、页面格式化、图文混排等方面的排版知识，是一个综合性较强的实例。

过程提示

（1）页面设置：打开素材文件夹中的"原稿 .docx"文档，单击"页面布局"选项卡 |"页面设置"组中的对话框启动器( )，在弹出的"页面设置"对话框中选择"页边距"选项卡，将页边距设置为上、下各 2 厘米，左、右各 3 厘米，装订线为 1 厘米，装订线位置为左，如图 1-4（a）所示；再选择该对话框中的"版式"选项卡，设置页眉距边界 1.5 厘米、页脚距边界 2 厘米，如图 1-4（b）所示。单击"确定"按钮，完成设置。

（2）字符格式化：

① 单击"开始"选项卡 |"字体"组中的对话框启动器( )，进行字符格式化。在"字体"选项卡中将第二、四两段设置为黑体、四号，字体颜色为标准色中的蓝色，在"高级"选项卡中设置字符间距加宽 2 磅；其余各段字号均设置为小四；第三、五两段字体设置为楷体；最后一段中的文字"发展软件产业，创新软件科技"的字体颜色设置为标准色中的蓝色，并加着重号。

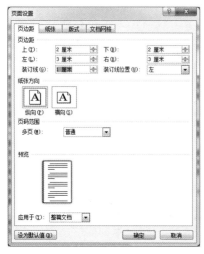 

（a）"页边距"选项卡　　　　　　　　　　（b）"版式"选项卡

图1-4　"页面设置"对话框

② 选中第一段段首的"赤"字，单击"开始"选项卡 | "字体"组 | "带圈字符"（ ），选择适当的圈号，并增大圈号，如图1-5所示，将此文字设置成图1-2样图所示样式。按相同的方法处理"狐"字。

（3）段落格式化：单击"开始"选项卡 | "段落"组中的对话框启动器（ ），弹出"段落"对话框，进行段落格式化。除第二、四两段外，其余各段均设置为首行缩进2字符；全文各段行距均为固定值20磅；最后一段段前间距为1行。

（4）项目符号：单击"开始"选项卡 | "段落"组 | "项目符号"（ ），为第二、四段添加如图1-2样图所示的项目符号。

（5）边框和底纹：单击"开始"选项卡 | "段落"组 | 边框（ ） | "边框和底纹"，弹出"边框和底纹"对话框，设置边框与底纹。为第一段添加三实线、主题颜色（白色，背景1，深色25%）、阴影样式的边框线，底纹填充为主题颜色（白色，背景1，深色15%），应用于"段落"；为第二、四段添加双线下边框，边框颜色为标准色中的蓝色，应用于"段落"，由于只需添加下边框，在图1-6所示的"边框和底纹"对话框的预览区域中，要将上、左、右边框线都取消。

 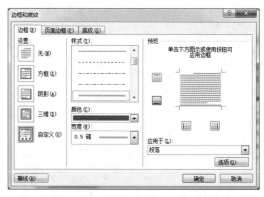

图1-5　"带圈字符"对话框　　　　　　　图1-6　"边框和底纹"对话框

（6）页眉和页脚：使用"插入"选项卡 |"页眉和页脚"组，设置文档的页眉和页脚。

① 本案例中两个宣传主页的页脚不同，需要通过"分节符"来实现。将插入点定位于第六段的段首，单击"页面布局"选项卡 |"页面设置"组 |"分隔符"（ 分隔符 ）|"下一页"，如图 1-7 所示，将文档分为两页。

② 两页页眉相同，在页眉中插入素材文件夹中的图片"logo.jpg"，并参照图 1-2 样图所示适当调整图片大小，在图片右侧输入页眉文字"赤狐软件技术有限公司"，并将其设置为黑体、四号，字体颜色为标准色中的深红。

③ 两页页脚不同，单击"页眉和页脚工具 - 设计"选项卡 |"导航"组 |"转至页脚"，参照图 1-2 样图所示输入第一页的页脚文字"公司地址："、"联系电话："、"Email："；将插入点定位于第二页页脚编辑区，单击"页眉和页脚工具 - 设计"选项卡 |"导航"组 |"链接到前一条页眉"（ 链接到前一条页眉 ），取消该选项的选择状态，删除页脚中原有内容，准备插入图 1-3 样图所示的公式。

④ 单击"插入"选项卡 |"文本"组 |"对象"（ 对象 ），在弹出的"对象"对话框"新建"选项卡中，参照图 1-8 在"对象类型"列表中选择"Microsoft 公式 3.0"，单击"确定"按钮，在弹出的编辑框中输入一个软件工程领域中的计算公式：$Wh = \dfrac{1}{\beta(1-i)(1-\alpha)}$；或者单击"插入"选项卡 |"符号"组 |"公式"（ π公式 ），进行快捷编辑。（提示：公式编辑过程中不能调整公式大小，结束编辑后，选中公式，可以调整其大小。）

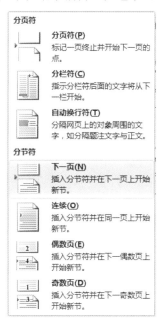

图1-7　"分隔符"列表

图1-8　"对象"对话框

（7）分栏：

① 选中第六段，单击"页面布局"选项卡 |"页面设置"组 |"分栏"|"两栏"，将第六段内容平均分成两栏。

② 选中第六段，单击"开始"选项卡 |"段落"组 | 边框（ ⊞ ）|"边框和底纹"，弹出"边

框和底纹"对话框，选择"边框"选项卡，为第六段添加双波浪线的右边框，边框颜色为标准色中的蓝色，将其作为分栏的分隔线。

（8）图文混排：

① 艺术字：将光标定位于文档第三段，单击"插入"选项卡 |"文本"组 |"艺术字"，选择艺术字样式为 4 行 2 列（提示：如果艺术字无法正常显示，可调整艺术字的行距为单倍行距），输入艺术字"公司简介"。艺术字字体为微软雅黑；单击"绘图工具 - 格式"选项卡 |"排列"组 |"自动换行" |"上下型环绕"，设置艺术字的文字环绕方式，如图 1-9 所示；单击"绘图工具 - 格式"选项卡 |"艺术字样式"组 |"文本效果"（ 文本效果 ）|"转换"，设置艺术字形状为倒 V 形，如图 1-10 所示；参照图 1-2 样图所示适当调整艺术字的大小和位置。

图1-9 "自动换行"列表　　　　图1-10 "文字效果"中"转换"列表

② 图片：单击"插入"选项卡 |"插图"组 |"图片"，插入素材文件夹中的图片"公司 .jpg"。单击"图片工具 - 格式"选项卡 |"排列"组 |"位置" |"中间居右，四周型文字环绕"，设置图片的位置及文字环绕方式，如图 1-11 所示；单击"图片工具 - 格式"选项卡 |"大小"组中的对话框启动器（ ），在弹出的"设置图片格式"对话框中将图片大小设置为高 4 厘米、宽 5 厘米（提示：设定图片大小前要取消对话框中"锁定纵横比"复选项），如图 1-12 所示；单击"图片工具 - 格式"选项卡 |"图片样式"组 |"图片效果"（ 图片效果 ）|"映像" |"紧密映像，接触"，设置图片的映像效果，如图 1-13 所示。

图1-11 "位置"列表

图1-12　"设置图片格式"对话框　　　　图1-13　"图片效果"中"映像"列表

③ 组织结构图：单击"插入"选项卡 |"插图"组 |"SmartArt"（ SmartArt），在弹出的"选择 SmartArt 图形"对话框中选择"层次结构"，插入一个组织结构图，如图 1-14 所示。将组织结构图的环绕方式设置为上下型环绕，适当调整其大小和位置；使用【Delete】键删除第二级和第三级图框，输入第一级图框文字"股东大会"；单击"SmartArt 工具 - 设计"选项卡 |"创建图形"组 |"添加形状"（ 添加形状 ▾），参照图 1-2 样图所示为"股东大会"图框添加多个下级图框；单击"SmartArt 工具 - 设计"选项卡 |"创建图形"组 |"布局"（ 布局 ▾）|"标准"，更改第二级和第三级的布局；使用"SmartArt 工具 - 设计"选项卡 |"SmartArt 样式"组，更改组织结构图的样式和颜色。

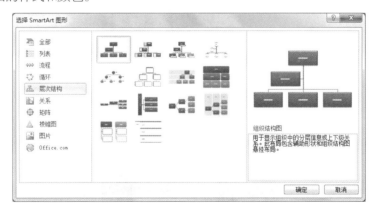

图1-14　"选择SmartArt图形"对话框

④ 形状：单击"插入"选项卡 |"插图"组 |"形状"|"箭头总汇"|"燕尾形"箭头，在文档第二页单击绘制一个"燕尾形"箭头，如图 1-15 所示，适当调整其大小；单击"绘图工具 - 格式"选项卡 |"形状样式"组 |"形状轮廓"（ 形状轮廓 ▾），设置图形轮廓的线条、颜色及粗细，如图 1-16 所示；单击该组的"形状填充"按钮（ ▾）设置图形的填充色，再复制两个相同的箭头，参照图 1-3 样图所示将这三个箭头图形放置到适当位置。

⑤ 表格：单击"插入"选项卡 |"表格"组 |"表格"|"插入表格"，在图 1-3 样图所示

位置插入一个9列7行的表格。选择需要合并的单元格,单击"表格工具 - 布局"选项卡 | "合并"组 | "合并单元格"(合并单元格),将其合并;单击"表格工具 - 布局"选项卡 | "单元格大小"组 | "分布列"(分布列),调整多列列宽相等;在表格中填写内容;选中整个表格,单击"表格工具 - 布局"选项卡 | "对齐方式"组 | "水平居中"( ),设置所有单元格文本的对齐方式;单击"表格工具 - 设计"选项卡 | "表格样式"组 | 边框(边框)| "边框和底纹",在弹出的"边框和底纹"对话框中设置表格内、外边框线的线型和颜色。

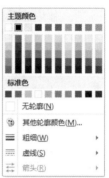

图1-15 "箭头总汇"列表   图1-16 "形状轮廓"列表

⑥ 封面:单击"插入"选项卡 | "页"组 | "封面" | 内置"新闻纸",插入文档封面,如图 1-17 所示。参照图 1-1 样图所示输入标题、副标题、摘要和日期文字,使用"开始"选项卡 | "字体"组,设置标题、副标题的字体、字号和字形;选中封面上方图框,单击"绘图工具 - 格式"选项卡 | "形状样式"组 | "形状填充"(形状填充),设置其填充色。

图1-17 "封面"列表

(9)将文件保存为"公司简介宣传册 .docx"文档。

案例2　产品发布会相关材料

案例描述

　　本案例要求制作产品发布会相关材料。产品发布会的目的是推销新上市的产品，类似于订货会。策划一次产品发布会通常需要经过以下流程：对产品有明确的认识，准备好产品的相关资料，设计、印制产品宣传单，拟定发布会流程，准备发布会稿件，发送邀请函等。

　　参照以下实例样图完成某产品发布会相关材料的制作。

　　文档 a：产品宣传单，如图 1-18 所示。

图1-18　"产品宣传单"样图

　　文档 b：产品介绍、生产许可证，如图 1-19 所示。

图1-19　"产品介绍、生产许可证"样图

文档 c：邀请函，其主文档是各信函都相同的部分，如图 1-20 所示。主文档与数据源合并后的结果如图 1-21 所示。

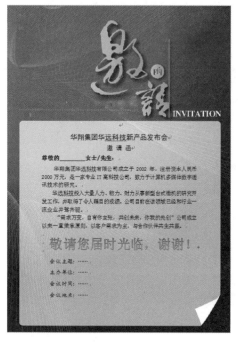

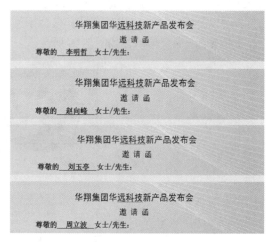

图1-20　"邀请函主文档"样图　　　　图1-21　"邀请函合并结果"样图

文档 d："电子行业信息"电子商刊，电子商刊目录如图 1-22 所示，电子商刊内容首页如图 1-23 所示。

图1-22　"电子商刊目录"样图　　　　图1-23　"电子商刊内容首页"样图

本案例分别对上述 a、b、c、d 四个文档进行处理（提示：四个文档的制作可在 Office. com 上搜索模板）。

文档 a 是制作新产品宣传单。宣传单的主要目的是让新产品给客户留下深刻印象，除了要色彩鲜明、设计美观，更应注重其功能性。本案例中的新产品为专业电竞笔记本，要突出其配置和价格，以其较高的性价比来吸引客户。该文档主要运用图片、形状、艺术字、文本框等进行混合排版。

文档 b 是将新产品的产品介绍、生产许可证制作在同一文档中。两部分的纸张方向和纸张大小有所区别，需要利用分节符对文档进行分节，在不同节内进行不同的页面设置；为了使该文档具有较高的安全性，需要利用 Word 的文档保护功能从多角度对该文档进行加密。

文档 c 是制作邀请函。邀请函的特点是：文档中的每一页除收信人姓名不同，其他内容均相同。制作邀请函可使用邮件合并功能，拟订好邀请函主文档后，将其存放在一个 Word 文档中，再将收件人的姓名编写在一个 Excel 数据源文件中，然后进行邮件合并，即可产生多封姓名不同、内容相同的邀请函。

文档 d 是制作该公司的电子商刊。该文档使用自动目录将刊物内容条目清晰地列出，阅读者可以通过目录直接进入资讯的具体内容。阅读完毕后，还可以通过"返回目录"超链接快速返回目录页。

文档 a：产品宣传单

（1）新建一个 Word 文档，单击"页面布局"选项卡 |"页面背景"组 |"页面颜色"（页面颜色 ▾）|"填充效果"，弹出"填充效果"对话框，在"渐变"选项卡中选择"双色"，将文档背景的渐变效果设置为标准色中的浅蓝和白色水平渐变，如图 1-24 所示。

（2）参照图 1-18 制作宣传单。单击"插入"选项卡 |"插图"组 |"图片"，将素材文件夹中的图片"新产品 .jpg"插入到文档中；单击"图片工具 - 格式"选项卡 |"排列"组 |"自动换行"，设置图片的文字环绕方式，单击"图片工具 - 格式"选项卡 |"图片样式"组 |"图片效果"（图片效果 ▾），设置图片的柔化边缘效果，适当调整图片的大小和位置。

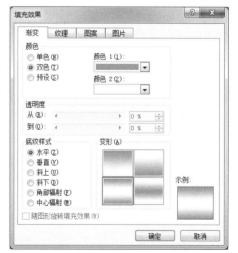

图1-24　"填充效果"对话框

单击"插入"选项卡 |"插图"组 |"形状"|"星与旗帜"，绘制"爆炸形 1"和"爆炸形 2"两个图形，并使其旋转一定的角度，适当调整图形的大小和位置；使用"绘图工具 - 格式"选项卡 |"形状样式"组，设置图形的填充效果和轮

廓样式;图形内的文字及商品价格均使用艺术字效果。使用"插入"选项卡 |"插图"组和"文本"组,在价格下方绘制"圆角矩形"、"横排文本框"和"矩形",参照图 1-18 样图所示添加文字,使用"绘图工具 - 格式"选项卡 | "形状样式"组,设置"圆角矩形"和"矩形"的填充效果和轮廓样式,单击"开始"选项卡 | "段落"组 | "项目符号"(），为配置列表的各段添加项目符号。

（3）文字、图形等色彩的搭配可根据需要自行设定,注意色彩要既鲜明又不显混乱,需突出重要内容。

（4）将文件保存为"产品宣传单 .docx"文档。

文档 b：产品介绍、生产许可证

（1）新建一个 Word 文档,在文档中输入产品介绍的内容,参照图 1-19 对该页文档进行格式排版：单击"开始"选项卡 | "段落"组 | "项目符号"(），为第一段和第三段添加项目符号。

（2）"产品详细参数"下方的文本数据可转换成表格。选中"产品详细参数"下方的所有段落,单击"插入"选项卡 | "表格"组 | "表格" | "文本转换成表格",弹出"将文字转换成表格"对话框,通过设置将产品参数以表格样式呈现（提示：产品参数的文字分隔符要和"将文字转换成表格"对话框中的"文字分隔位置"相对应）,如图 1-25 所示;单击"表格工具 - 设计"选项卡 | "表格样式"组 | 边框（ ）|"边框和底纹",设置表格内外边框线的线型、颜色和底纹。

图1-25 "将文字转换成表格"对话框

（3）将插入点定位于该页文档结尾处,单击"页面布局"选项卡 | "页面设置"组 | "分隔符"（ ）| "下一页",既插入了一个分节符又新建了一页。整篇文档以分节符为界分为上下两节（提示：在 Word 大纲视图下可以看到插入的分节符）。

（4）每一节可以进行单独的页面设置。对文档的第二节（即新产生的页）进行页面设置：单击"页面布局"选项卡 | "页面设置"组中的对话框启动器（ ）,在弹出的对话框中设置纸张大小为"B5（JIS）",纸张方向为横向,上、下页边距均为 4 厘米,左、右页边距均为 3.17 厘米,应用于"本节";在本节中插入素材文件夹中的图片"生产许可证 .jpg",适当调整图片的大小,单击"图片工具 - 格式"选项卡 | "排列"组 | "位置",设置图片位置为"中间居中,四周型文字环绕"。

（5）对文档进行加密保护。完成文档排版后,单击"文件"菜单 | "信息"组 | "保护文档" | "用密码进行加密",如图 1-26 所示;弹出"加密文档"对话框,设置打开文件时的密码,如图 1-27 所示,并确认密码,确认后保存文档,完成加密。

（6）将文件保存为"产品介绍、生产许可证 .docx"文档。

图1-26　"保护文档"列表　　　　　　　图1-27　"加密文档"对话框

文档 c：邀请函

（1）新建一个 Word 文档，创建邀请函的主文档，即信函的主要内容。参照图 1-20 所示在文档中输入邀请函主要内容（提示："敬请您届时光临，谢谢！"可选用艺术字）；插入素材文件夹中的图片"邀请函背景 .jpg"，设置其环绕方式为衬于文字下方，使其作为文档背景，调整其大小和位置与文档页面重合；对整个版面进行适当调整，将文件保存为"主文档 .docx"文档。

（2）新建一个 Excel 工作簿，在该工作簿的 Sheet1 工作表中填写数据源，即被邀请人的姓名信息，如图 1-28 所示；将该工作簿保存为"数据源 .xlsx"，并将其关闭。

（3）返回到"主文档 .docx"中，单击"邮件"选项卡 |"开始邮件合并"组 |"开始邮件合并"（ 开始邮件合并 ▾ ）|"邮件合并分步向导"，在窗口右侧打开"邮件合并"任务窗格，按照提示完成邮件合并的六个步骤，如图 1-29 所示。

图1-28　"数据源"窗口　　　　　　　图1-29　"邮件合并"任务窗格

① 选择文档类型为"信函"，单击"下一步：正在启动文档"。

② 选择开始文档为"使用当前文档"来设置信函，即"主文档.docx"，单击"下一步：选取收件人"。

③ 选择收件人为"使用现有列表"来获取数据源，单击"浏览"按钮（▦ 浏览... ）查找并打开已建立好的"数据源.xlsx"，弹出如图1-30所示的"选择表格"对话框，选择"Sheet1"工作表，单击"确定"按钮后将弹出如图1-31所示的"邮件合并收件人"对话框，如果不对邮件合并收件人做排序、筛选等更改，直接单击"确定"按钮即可；单击"下一步：撰写信函"。

图1-30　"选择表格"对话框

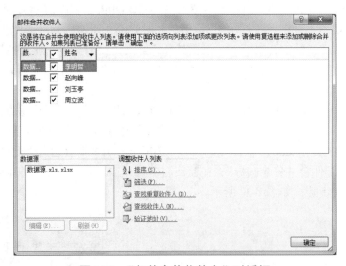

图1-31　"邮件合并收件人"对话框

④ 撰写信函：由于信函内容已经撰写好，这里只需将每个收件人的信息填写到信函中。将插入点定位于主文档中应填写姓名处，单击"其他项目"（▦ 其他项目... ）插入合并域，参照图1-32选择数据库域的"姓名"选项，单击"插入"按钮，则主文档插入处出现姓名域，关闭"插入合并域"对话框；单击"下一步：预览信函"。

⑤ 预览信函：可以通过向左（《 ）和向右（ 》）箭头预览合并后的每一封信函，单击"下一步：完成合并"。

⑥ 完成合并：选择"编辑单个信函"（▦ 编辑单个信函... ），参照图1-33在"合并到新文档"对话框中选择"全部"，单击"确定"按钮后会将四封合并信函创建至一个新文档中。

（4）合并后产生的新文档的每一页为一封信函，除收件人姓名不同外，信函内容均相同，将新文档保存为"邀请函合并结果 .docx"文档。

图1-32　"插入合并域"对话框　　　　图1-33　"合并到新文档"对话框

文档 d：电子商刊

（1）新建一个 Word 文档，单击"页面布局"选项卡 |"页面设置"组 |"分隔符"（ ⊟分隔符 ▾ ）|"下一页"，新建一页。预留第一页（"目录"页），从文档的第二页开始录入本期刊物所含电子信息行业资讯的具体内容。

（2）制作索引目录的关键点在于使用 Word 中的"样式"设置不同级别标题的格式，按照标题的级别从高到低，标题所使用的样式也要逐级递减。使用"开始"选项卡 |"样式"组，在图 1-34 所示的"样式"列表中设置样式，将文档中所有一级标题设置为"标题 1"的样式，所有二级标题设置为"标题 2"的样式。

图1-34　"样式"列表

（3）单击"视图"选项卡 |"文档视图"组 |"大纲视图"，查看大纲视图下文档的状态，呈现如图 1-35 所示的级别关系；单击"大纲"选项卡 |"大纲工具"组 |"展开"（ ✦ ）和"折叠"（ ➖ ），可以控制该标题下所有级别内容的隐藏和显示。

（4）单击"视图"选项卡 |"文档视图"组 |"页面视图"，返回页面视图。

（5）将插入点定位于第二页，单击"插入"选项卡 |"页眉和页脚"组 |"页码"，设置文档的页码。本案例的起始页码从第二页开始编号为 1，将插入点定位于第二页页脚编辑区，单击"页眉和页脚工具 - 设计"选项卡 |"导航"组 |"链接到前一条页眉"（ ⊟链接到前一条页眉 ），取消该选项的选择状态，删除第一页的页码，设置第二页起始页码的编号为 1。

（6）将插入点定位于首页欲制作目录的位置，单击"引用"选项卡 |"目录"组 |"目录"|"插入目录"，弹出如图 1-36 所示的"目录"对话框，将"显示级别"设置为"2"，选中"显示页码"和"页码右对齐"复选项，选择适当的"制表符前导符"，单击"确定"按钮后在指定位置出现目录，目录标题和各级别标题的字体格式、段落格式可根据需要进行设置。

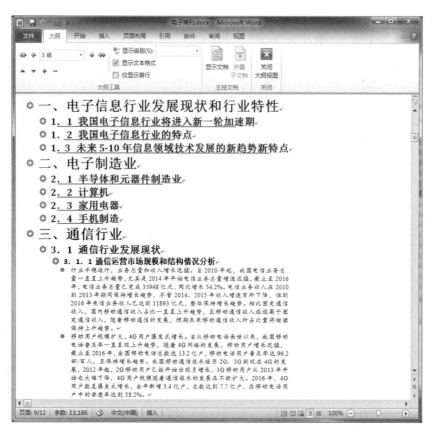

图1-35　大纲视图下文档状态

图1-36　"目录"对话框

（7）选中新生成的"目录"，单击"插入"选项卡 |"链接"组 |"书签"（ 书签 ），弹出如图 1-37 所示的"书签"对话框，设置书签名为"目录"，单击"添加"按钮后返回目录页。

图1-37　"书签"对话框

（8）在某段具体资讯的正文结尾处，输入文字"返回目录"。选中文字"返回目录"，单击"插入"选项卡 |"链接"组 |"超链接"（ 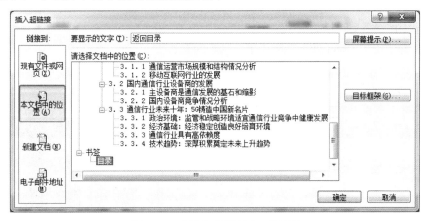 ），弹出如图1-38所示的"插入超链接"对话框，设置超链接到"本文档中的位置"|"书签"|"目录"，这样阅读者阅读完某段内容后通过单击该链接就可以快捷地返回目录页。将制作好的带有超链接的文字"返回目录"复制到每段资讯结尾处。（提示：通过目录项跳转到具体资讯或通过"返回目录"跳转回目录页，均需按住【Ctrl】键并单击才能实现链接跳转。）

图1-38　"插入超链接"对话框

（9）将文件保存为"电子商刊 .docx"文档。

第 2 章

Excel电子表格处理软件应用

案例1　企业员工档案资料及工资管理

 案例描述

在企事业单位中，对员工信息的数据管理通常包括员工基本信息的录入、员工人数的统计、员工年龄和工龄的计算、员工信息的查询，以及工资计算和个人工资的打印输出等。利用 Excel 软件的数据处理功能，制作各种电子表格来统计、计算员工的相关信息，可以使人力资源管理工作变得更轻松。

本案例介绍使用 Excel 处理各种人事信息表的方法。

Sheet1：

"员工档案资料"表和"员工人数分类统计"表样图如图 2-1 所示。

	员工档案资料								员工人数分类统计	
员工编号	姓名	性别	出生年月	身份证号	年龄	部门	职务		男	8 人
QL009001	安玲	女	1980/12/19	32022119801220xxxx	39	人事部	董事长		女	8 人
QL009002	党晓龙	男	1987/2/27	42022119830301xxxx	32	研发部	经理		男员工所占百分比	50%
QL009003	韩丽	女	1989/12/10	52004119821212xxxx	30	研发部	普通员工			
QL009004	王华峰	男	1987/5/22	12056119800523xxxx	32	销售部	普通员工		人事部	4 人
QL009005	刘文娟	女	1989/12/1	62022119821203xxxx	30	人事部	普通员工		研发部	5 人
QL009006	史小建	男	1987/10/24	82022119801025xxxx	32	生产部	普通员工		销售部	2 人
QL009007	孙伟	男	1992/6/24	32022119850626xxxx	27	研发部	普通员工		生产部	3 人
QL009008	王平	男	1991/7/21	32022119840722xxxx	28	研发部	副经理		财务部	2 人
QL009009	姚小奇	男	1988/2/27	72022119810228xxxx	31	财务部	普通员工			
QL009010	王华荣	女	1994/11/18	32022119831120xxxx	25	销售部	普通员工		总计	16 人
QL009011	杨淑琴	女	1990/12/28	42022119831230xxxx	29	生产部	经理			
QL009012	杨文涛	男	1993/10/28	32022119861030xxxx	26	研发部	普通员工			
QL009013	于伟平	男	1988/10/30	32022119811101xxxx	31	生产部	普通员工			
QL009014	张正荣	女	1988/9/30	12022119811002xxxx	31	财务部	副经理			
QL009015	李泉波	男	1988/1/2	12022119810103xxxx	31	人事部	普通员工			
QL009016	吴燕	女	1988/12/2	62022119811204xxxx	31	人事部	副经理			

图2-1　"员工档案资料"表及"员工人数分类统计"表样图

Sheet2：

"员工信息查询"表样图如图 2-2 所示。

	A	B	C	D
1	员 工 信 息 查 询			
2	员工编号	QL009010		
3	姓　　名	王华荣	性　　别	女
4	出生年月	1994/11/18	身份证号	32022119831120xxxx
5	年　　龄	25	部　　门	销售部
6	职　　务	普通员工		

图2-2 “员工信息查询”表样图

Sheet3：

“员工 8 月份工资表”样图如图 2-3 所示。

	A	B	C	D	E	F	G	H	I	J	K
1	员工8月份工资表										
2	员工编号	部门	职务	姓名	等级工资	聘任津贴	应发合计	公积金	医疗保险	应扣合计	实发工资
4			副经理 汇总								6,285.17
6			普通员工 汇总								4,183.08
7		财务部 汇总									10,468.25
9			董事长 汇总								13,017.38
11			副经理 汇总								6,385.17
14			普通员工 汇总								9,066.16
15		人事部 汇总									28,468.71
17			经理 汇总								7,116.68
20			普通员工 汇总								9,166.16
21		生产部 汇总									16,282.84
24			普通员工 汇总								9,566.16
25		销售部 汇总									9,566.16
27			副经理 汇总								6,385.17
29			经理 汇总								7,316.68
33			普通员工 汇总								14,549.24
34		研发部 汇总									28,251.09
35		总计									93,037.05

图2-3 “员工8月份工资表”样图

Sheet4：

“员工 8 月份工资条”样图如图 2-4 所示。

员工8月份工资条										
员工编号	部门	职务	姓名	等级工资	聘任津贴	应发合计	公积金	医疗保险	应扣合计	实发工资
QL009001	人事部	董事长	安玲	9,000.00	5,000.00	14,000.00	868.00	114.62	982.62	13,017.38
员工编号	部门	职务	姓名	等级工资	聘任津贴	应发合计	公积金	医疗保险	应扣合计	实发工资
QL009002	研发部	经理	党晓龙	5,000.00	3,000.00	8,000.00	574.00	109.32	683.32	7,316.68
员工编号	部门	职务	姓名	等级工资	聘任津贴	应发合计	公积金	医疗保险	应扣合计	实发工资
QL009003	研发部	普通员工	韩丽	3,600.00	1,800.00	5,400.00	441.00	75.92	516.92	4,883.08
员工编号	部门	职务	姓名	等级工资	聘任津贴	应发合计	公积金	医疗保险	应扣合计	实发工资
QL009004	销售部	普通员工	王华峰	3,500.00	1,800.00	5,300.00	441.00	75.92	516.92	4,783.08
员工编号	部门	职务	姓名	等级工资	聘任津贴	应发合计	公积金	医疗保险	应扣合计	实发工资
QL009005	人事部	普通员工	刘文娟	3,300.00	1,800.00	5,100.00	441.00	75.92	516.92	4,583.08
员工编号	部门	职务	姓名	等级工资	聘任津贴	应发合计	公积金	医疗保险	应扣合计	实发工资
QL009006	生产部	普通员工	史小建	3,400.00	1,700.00	5,100.00	441.00	75.92	516.92	4,583.08

图2-4 “员工8月份工资条”样图

案例分析

本案例需要分别对 Sheet1 ~ Sheet4 工作表进行数据处理。

Sheet1 工作表用于录入员工的一些基本信息，同时统计了各类员工人数。作为人事管理人员，记录并统计员工的人事信息，需要创建一个“员工档案资料”表，以便快捷地对资料进行管理，也便于以后的编辑和查询。该工作表的处理主要运用数据有效性实现数据的快速录入，以及使用各种函数和公式统计各类的员工人数。

　　Sheet2 工作表用于创建一个"员工信息查询"表。在公司员工人数众多的情况下，查找一名员工的基本信息，就成了一件很麻烦的事情。为了提高工作效率，可以增加一项员工信息查询的功能。该工作表主要运用 Excel 中的一个查询函数——VLOOKUP() 函数，实现对任意员工基本情况的查询。

　　Sheet3 工作表用于汇总员工工资情况。面对众多的人员工资信息，在使用之前，首先应对它进行分类统计，这样可以更清楚地显示各部门、不同级别员工的工资情况。该工作表主要运用排序和分类汇总功能来完成对不同部门和不同职务人员工资情况的统计。

　　Sheet4 工作表用于制作员工工资条。在总工资表中为每名员工工资信息上方均添加标题行，则总工资表可以分割为个人工资条，使得每名员工能够清楚地查看自己的实际收入和保险扣除等情况。该工作表主要借助辅助列并采用排序功能来实现工资条的制作。

过程提示

Sheet1：

　　（1）打开素材文件夹中的"企业员工信息管理原稿.xlsx"工作簿，将 Sheet1 工作表重命名为"员工档案资料"。在该工作表中录入员工基本信息，可以使用以下方法实现快速录入。

　　① 员工编号的输入：在单元格 A3 中输入员工编号 QLO09001，选中单元格 A3，向下拖动该单元格右下角的填充柄（╋），完成员工编号的快速填充，如图 2-5 所示。

　　② 性别的输入：先输入一名员工的性别，参照图 2-6 按住【Ctrl】键的同时依次选中需要输入相同内容的单元格，单击"开始"选项卡 |"编辑"组 |"填充"，弹出如图 2-7 所示下拉列表，选择"向下"命令，选中的多个单元格将被填充相同的内容。

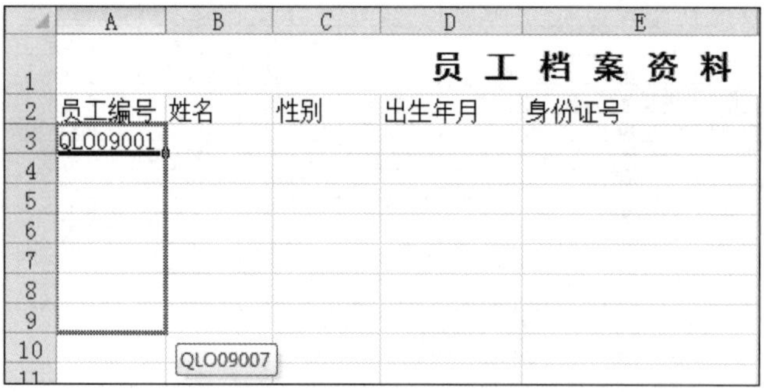

图2-5　使用填充柄进行快速填充　　　　　图2-6　选择间隔的单元格

　　③ 出生年月和身份证号的输入：选中 D 列，单击"开始"选项卡 |"单元格"组 |"格式"|"设置单元格格式"，打开"设置单元格格式"对话框"数字"选项卡，参照图 2-8 设置日期格式，单击"确定"按钮，然后依次输入每名员工的出生日期。使用同样的方法将"身份证号"列的单元格数字格式设置为文本格式，然后依次输入每名员工的身份证号码。

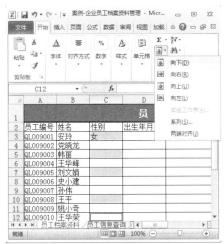

图2-7　"填充"下拉列表

图2-8　"数字"选项卡

④ 年龄的输入：年龄可以使用公式和函数来计算。在单元格 F3 中输入公式"=YEAR(NOW())-YEAR(D3)"，按【Enter】键确定，则在单元格 F3 中显示一个日期时间格式的数据，如图 2-9 所示，此结果不符合要求。再次选中单元格 F3，设置该单元格的数字格式为"常规"类别，从而得出员工的年龄。其他员工的年龄可以使用填充柄快速填充。（提示：YEAR() 函数用来返回给定日期的年份值，例如：YEAR(1980-12-30) 的结果为 1980；NOW() 函数用来返回当前的日期和时间。）

员工编号	姓名	性别	出生年月	身份证号	年龄
QL009001	安玲	女	1980/12/20	32022119801220××××	1900/2/4

图2-9　计算年龄

⑤ 部门和职务的输入：选中要输入部门的单元格区域，单击"数据"选项卡 |"数据工具"组 |"数据有效性"|"数据有效性"，弹出"数据有效性"对话框，参照图 2-10 设置"有效性条件"为允许"序列"，来源为"人事部，研发部，销售部，生产部，财务部"（提示：序列来源中的逗号均为英文逗号）。完成设置后，参照图 2-11 单击相应单元格右侧的下拉按钮，选择每名员工所属的"部门"，完成填充。采用同样的方法，填充"职务"列数据。

图2-10　"数据有效性"对话框

图2-11　选择员工所属部门

（2）使用公式和函数统计各类员工人数。

选中计算结果所在的单元格区域，参照图 2-12 设置这些单元格的数字格式为"自定义"

格式，在"类型"文本框中输入 #" 人 "，单击"确定"按钮。

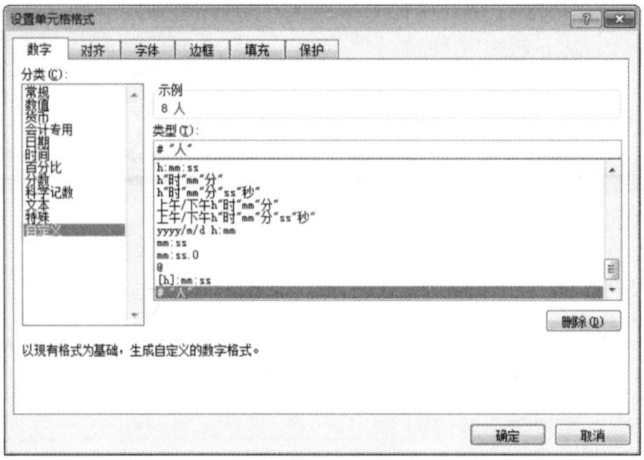

图2-12　设置单元格的自定义格式

① 统计"男""女"员工人数和各部门员工人数：使用 COUNTIF() 函数进行统计。以统计男员工人数为例，选中单元格 K2，单击"公式"选项卡 |"插入函数"，弹出"插入函数"对话框选择"选择类别"为"全部"，选择列表中的"COUNTIF"，单击"确定"按钮，在弹出的"函数参数"对话框中，"Range"参数选中单元格区域 C3:C18，"Criteria"参数选中单元格 J2，单击"确定"按钮显示结果。

（提示：统计各部门员工的人数，需要运用单元格的绝对引用和单元格的相对引用。例如，统计"人事部"的员工人数，输入的表达式为"=COUNTIF($G$3:$G$18,J6)"，使得"Range"参数的单元格区域始终是 $G$3:$G$18，不会发生改变；而"Criteria"参数的单元格 J6 会因部门的改变而相对地发生改变，其他部门的人数可以使用填充柄快速填充。）

② 计算男员工所占百分比：使用公式进行计算。选中单元格 K4，输入公式"=K2/（K2+K3）"，按【Enter】键显示结果。然后把单元格 K4 的数字格式设置为"百分比"格式。

③ 统计员工总数：使用 COUNT() 函数或 COUNTA() 函数进行统计。（提示：COUNT() 函数只统计选中单元格区域中数字单元格的个数；COUNTA() 函数统计选中单元格区域中非空单元格的个数。）

（3）"员工档案资料"表和"员工人数分类统计"表的格式（包括字体、边框、底纹等），可根据需要自行设定。

（4）将文件保存为"企业员工信息管理 .xlsx"工作簿。

Sheet2：

（1）在 Sheet2 工作表中，创建"员工信息查询"表，参照图 2-13 对其文字格式和边框样式进行设置。

（2）对单元格区域 A3:A18 进行名称的定义，便于下一步进行数据有效性的设置。在 Sheet1 工作表中选中单元格区域 A3:A18，单击"公式"选项卡 |"定义的名称"组 |"定义名称"|"定义名称"，参照图 2-14 为该区域定义名称为"员工编号"，单击"确定"按钮。

（3）在 Sheet2 工作表中选中单元格 B2，单击"数据"选项卡 |"数据工具"组 |"数据有效性"|"数据有效性"，参照图 2-15 设置"有效性条件"为允许"序列"，在"来源"文

本框中输入"=员工编号"。完成设置后，单击单元格 B2 右侧的下拉按钮，便可以选择要查询的员工编号。

图2-13 创建"员工信息查询"表格   图2-14 "新建名称"对话框

（4）查询所选员工编号对应的姓名：使用 VLOOKUP() 函数进行查询。选中单元格 B3，单击"公式"选项卡|"插入函数"，弹出"插入函数"对话框，选择类别为"全部"，选择函数为"VLOOKUP"，单击"确定"按钮，在弹出的"函数参数"对话框中，参照图 2-16 设置参数，"Lookup_value"参数选中单元格 B2（表示要搜索的员工编号），"Table_array"参数选中 Sheet1 工作表的单元格区域 A2:H18（表示在"员工档案资料"表中搜索），"Col_index_num"参数输入 2（表示要查询"姓名"，而"姓名"为表中的第 2 列），"Range_lookup"参数输入 1（表示精确查找），单击"确定"按钮。然后在"员工编号"下拉列表中任选一个编号，就可以查询到该编号对应的员工姓名。

图2-15 "数据有效性"对话框   图2-16 "VLOOKUP"函数参数对话框

（5）使用同样的方法，查询性别、出生年月、身份证号、年龄、部门、职务。（提示：查询"出生年月"时，可将单元格 B4 的数字格式改为日期型。）

（6）保存"企业员工信息管理 .xlsx"工作簿。

Sheet3：

（1）在 Sheet3 工作表中，创建"员工 8 月份工资表"表格，参照图 2-17 设置各项金额的数字格式为"会计专用"格式，保留 2 位小数，无货币符号。

员工编号	部门	职务	姓名	等级工资	聘任津贴	应发合计	公积金	医疗保险	应扣合计	实发工资
QL009001	人事部	董事长	安玲	9,000.00	5,000.00		868.00	114.62		
QL009002	研发部	经理	党晓龙	5,000.00	3,000.00		574.00	109.32		
QL009003	研发部	普通员工	韩丽	3,600.00	1,800.00		441.00	75.92		
QL009004	销售部	普通员工	王华峰	3,500.00	1,800.00		441.00	75.92		
QL009005	人事部	普通员工	刘文娟	3,300.00	1,800.00		441.00	75.92		

图2-17 创建"员工8月份工资表"表格

（2）使用 SUM() 函数计算出"应发合计"和"应扣合计"，使用公式计算出"实发工资"（提示：实发工资 = 应发合计 - 应扣合计）。

（3）选中工资表范围内任意单元格，单击"数据"选项卡|"排序和筛选"组|"排序"，参照图 2-18 按照"部门"和"职务"进行排序。这样可以实现按照"部门"和"职务"双重分类的方式显示员工工资情况。

图2-18 "排序"对话框

（4）首先按"部门"汇总实发工资，选中工资表范围内任意单元格，单击"数据"选项卡|"分级显示"组|"分类汇总"，参照图 2-19 设置"分类字段"为"部门"，"汇总方式"为"求和"，"选定汇总项"为"实发工资"，单击"确定"按钮；再按"职务"进行二次汇总，选中工资表范围内任意单元格，单击"数据"选项卡|"分级显示"组|"分类汇总"，参照图 2-20 设置"分类字段"为"职务"，"汇总方式"为"求和"，"选定汇总项"为"实发工资"，取消"替换当前分类汇总"复选项，单击"确定"按钮，汇总结果如图 2-3 所示。

（5）保存"企业员工信息管理 .xlsx"工作簿。

Sheet4：

（1）在 Sheet4 工作表中创建"员工 8 月份工资条"，使用插入辅助列的方法制作每名员工的工资条。在 A 列前插入一列，在单元格 A3 中输入"1"，参照图 2-21 使用填充柄纵向填充出一个 1~16 的自然序列。

图2-19 按部门汇总实发工资　　图2-20 按职务汇总实发工资　　图2-21 填充序号

（2）复制第 2 行（即标题行），选中第 19~33 行（共计 15 行）进行粘贴，参照图 2-22 从单元格 A19 起，使用填充柄纵向填充出一个 1~15 的自然序列。

	A	B	C	D	E	F	G	H	I	J	K	L
1					员工8月份工资表							
2		员工编号	部门	职务	姓名	等级工资	聘任津贴	应发合计	公积金	医疗保险	应扣合计	实发工资
3	1	QL009001	人事部	董事长	安玲	9,000.00	5,000.00	14,000.00	868.00	114.62	982.62	13,017.38
4	2	QL009002	研发部	经理	党晓龙	5,000.00	3,000.00	8,000.00	574.00	109.32	683.32	7,316.68
5	3	QL009003	研发部	普通员工	韩丽	3,600.00	1,800.00	5,400.00	441.00	75.92	516.92	4,883.08
6	4	QL009004	销售部	普通员工	王华峰	3,500.00	1,800.00	5,300.00	441.00	75.92	516.92	4,783.08
7	5	QL009005	人事部	普通员工	刘文娟	3,300.00	1,800.00	5,100.00	441.00	75.92	516.92	4,583.08
8	6	QL009006	生产部	普通员工	史小建	3,400.00	1,700.00	5,100.00	441.00	75.92	516.92	4,583.08
9	7	QL009007	研发部	普通员工	孙伟	3,600.00	1,800.00	5,400.00	441.00	75.92	516.92	4,883.08
10	8	QL009008	研发部	副经理	王平	4,500.00	2,500.00	7,000.00	532.00	82.83	614.83	6,385.17
11	9	QL009009	财务部	普通员工	姚小奇	3,000.00	1,700.00	4,700.00	441.00	75.92	516.92	4,183.08
12	10	QL009010	销售部	普通员工	王华荣	3,500.00	1,800.00	5,300.00	441.00	75.92	516.92	4,783.08
13	11	QL009011	生产部	经理	杨淑琴	4,800.00	3,000.00	7,800.00	574.00	109.32	683.32	7,116.68
14	12	QL009012	研发部	普通员工	杨文涛	3,500.00	1,800.00	5,300.00	441.00	75.92	516.92	4,783.08
15	13	QL009013	生产部	普通员工	于伟平	3,400.00	1,700.00	5,100.00	441.00	75.92	516.92	4,583.08
16	14	QL009014	财务部	副经理	张正荣	4,400.00	2,500.00	6,900.00	532.00	82.83	614.83	6,285.17
17	15	QL009015	人事部	普通员工	李泉波	3,200.00	1,800.00	5,000.00	441.00	75.92	516.92	4,483.08
18	16	QL009016	人事部	副经理	吴燕	4,500.00	2,500.00	7,000.00	532.00	82.83	614.83	6,385.17
19	1	员工编号	部门	职务	姓名	等级工资	聘任津贴	应发合计	公积金	医疗保险	应扣合计	实发工资
20	2	员工编号	部门	职务	姓名	等级工资	聘任津贴	应发合计	公积金	医疗保险	应扣合计	实发工资
21	3	员工编号	部门	职务	姓名	等级工资	聘任津贴	应发合计	公积金	医疗保险	应扣合计	实发工资
22	4	员工编号	部门	职务	姓名	等级工资	聘任津贴	应发合计	公积金	医疗保险	应扣合计	实发工资
23	5	员工编号	部门	职务	姓名	等级工资	聘任津贴	应发合计	公积金	医疗保险	应扣合计	实发工资
24	6	员工编号	部门	职务	姓名	等级工资	聘任津贴	应发合计	公积金	医疗保险	应扣合计	实发工资
25	7	员工编号	部门	职务	姓名	等级工资	聘任津贴	应发合计	公积金	医疗保险	应扣合计	实发工资
26	8	员工编号	部门	职务	姓名	等级工资	聘任津贴	应发合计	公积金	医疗保险	应扣合计	实发工资
27	9	员工编号	部门	职务	姓名	等级工资	聘任津贴	应发合计	公积金	医疗保险	应扣合计	实发工资
28	10	员工编号	部门	职务	姓名	等级工资	聘任津贴	应发合计	公积金	医疗保险	应扣合计	实发工资
29	11	员工编号	部门	职务	姓名	等级工资	聘任津贴	应发合计	公积金	医疗保险	应扣合计	实发工资
30	12	员工编号	部门	职务	姓名	等级工资	聘任津贴	应发合计	公积金	医疗保险	应扣合计	实发工资
31	13	员工编号	部门	职务	姓名	等级工资	聘任津贴	应发合计	公积金	医疗保险	应扣合计	实发工资
32	14	员工编号	部门	职务	姓名	等级工资	聘任津贴	应发合计	公积金	医疗保险	应扣合计	实发工资
33	15	员工编号	部门	职务	姓名	等级工资	聘任津贴	应发合计	公积金	医疗保险	应扣合计	实发工资

图2-22　复制标题行并填充序号

（3）以 A 列为关键字对数据列表进行升序排序，完成工资条的制作，结果如图 2-4 所示。分割为个人工资条后，可以单独分发给每一位员工，确保工资信息的私密性。

（4）保存"企业员工信息管理 .xlsx"工作簿。

案例2　学生成绩表的统计与分析

🔘 案例描述

在教学工作中，对学生的成绩进行统计、分析、管理是一项非常重要并且十分烦琐的工作。而利用 Excel 软件强大的数据处理功能，来制作各种电子表格进行统计，以图表的方式直观展示统计结果，可以迅速完成对成绩的分析、统计工作。

本案例介绍使用 Excel 对学生成绩进行管理的常用方法和技巧。

Sheet1：

学生"期末各科成绩表"样图如图 2-23 所示。

Sheet2：

"各科成绩的统计与分析表"和"各成绩段人数分析表"样图如图 2-24 所示。

期末各科成绩表								
学号	姓名	成绩				总成绩	名次	班级
		精读	听力	计算机	体育			
E13001	韩溪雪	85	81	60	86	312	9	2班
E13002	任志强	85.5	60.5	86	85	317	4	1班
E13003	王晓丹	86	63.5	81	84	314.5	6	3班
E13004	张光远	81	55.5	81	61	278.5	24	1班
E13005	江威威	85.5	62.5	70.5	84	302.5	12	2班
E13006	郑海宇	86.5	65.5	80.5	68.5	301	15	2班
E13007	刘梦	94	68.5	60.5	79	302	14	1班
E13008	周晓国	96.5	67.5	66	63	293	18	3班
E13009	刘翔月	86	63.5	81	84	314.5	6	3班
E13010	刘秋实	81	55.5	91.5	84	312	9	3班
E13011	王旭东	85.5	62.5	64	61	273	25	1班
E13012	腾招	86	63.5	65	67	281.5	23	2班

图2-23 "期末各科成绩表"样图

Sheet3：

"各班成绩对比"图表样图如图2-25所示。

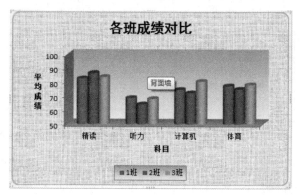

各科成绩的统计与分析表				
	精读	听力	计算机	体育
平均分	84.10	67.04	75.68	76.70
优秀率	60%	8%	28%	12%
及格率	100%	84%	92%	100%
前三名	96.5	98.5	96.5	95.5
	96	92.5	91.5	86
	94	81	91.5	86
最后两名	66.5	50.5	58	61
	67.5	55.5	58.5	61

各成绩段人数分析表					
	分数段	精读	听力	计算机	体育
分数段人数	0～59	0	4	2	0
	60～69	3	16	7	9
	70～79	0	1	3	3
	80～89	18	2	10	12
	90～100	4	2	3	1
总人数	25人				

图2-24 "各科成绩的统计与分析表"
和"各成绩段人数分析表"样图

图2-25 "各班成绩对比"图表样图

Sheet4：

将Sheet1工作表中的数据复制到Sheet4工作表中，作为数据透视图表的数据源，如图2-26所示。

	A	B	C	D	E	F	G
1	学号	姓名	精读	听力	计算机	体育	班级
2	E13001	韩溪雪	85	81	60	86	2班
3	E13002	任志强	85.5	60.5	86	85	1班
4	E13003	王晓丹	86	63.5	81	84	3班
5	E13004	张光远	81	55.5	81	61	1班
6	E13005	江威威	85.5	62.5	70.5	84	2班
7	E13006	郑海宇	86.5	65.5	80.5	68.5	2班
8	E13007	刘梦	94	68.5	60.5	79	1班
9	E13008	周晓国	96.5	67.5	66	63	3班
10	E13009	刘翔月	86	63.5	81	84	3班
11	E13010	刘秋实	81	55.5	91.5	84	3班
12	E13011	王旭东	85.5	62.5	64	61	1班
13	E13012	腾招	86	63.5	65	67	2班

图2-26 Sheet4工作表中的数据源

Sheet5：

数据透视表样图如图2-27所示。

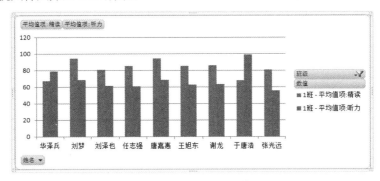

列标签			平均值项:精读汇总	平均值项:听力汇总
1班				
行标签	平均值项:精读	平均值项:听力		
华泽兵	67.5	79	67.5	79
刘梦	94	68.5	94	68.5
刘泽也	81	61.5	81	61.5
任志强	85.5	60.5	85.5	60.5
唐嘉惠	94	68.5	94	68.5
王旭东	85.5	62.5	85.5	62.5
谢龙	86	63.5	86	63.5
于唐浩	68	98.5	68	98.5
张光远	81	55.5	81	55.5
总计	82.5	68.66666667	82.5	68.66666667

图2-27 数据透视表样图

数据透视图样图如图2-28所示。

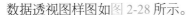

图2-28 数据透视图样图

案例分析

本案例需要分别对Sheet1～Sheet5工作表进行数据处理。

在Sheet1工作表中创建"期末各科成绩表"，输入三个班学生的四科期末成绩。对于学生期末成绩的统计分析，教师要记录学生的学号、姓名、成绩、名次等信息，以便对成绩进行查看、比较和分析。该工作表中主要运用数据有效性实现数据的快速录入，使用函数计算学生的总成绩和排名结果，从而提高教师统计学生成绩的工作效率。

在Sheet2工作表中创建"各科成绩的统计与分析表"和"各成绩段人数分析表"。表中的统计项在分析学生成绩时使用非常广泛。该工作表引用Sheet1工作表中的数据源，使用各种函数实现对学生成绩的统计、分析与计算。

在Sheet3工作表中创建图表来分析各班成绩比例。在进行多科成绩分析时，教师可以制作图表来直观地体现成绩的分布。该工作表运用合并计算功能统计出各班各科平均成绩，再引用计算结果制作图表，以分析各班成绩情况。

引用Sheet4工作表中的数据源在新工作表Sheet5中制作数据透视表、数据透视图。数据透视表是一种交互式表格，教师可以选择其行或列来查看各班、各科成绩的不同汇总结果，并查看不同区域的明细数据。数据透视图是数据透视表的可视化表现，是利用图表的形式将数据透视表形象、直观地展现出来。该工作表是运用数据透视表和数据透视图对学生成绩进行全方位直观的透视分析。

 过程提示

Sheet1：

（1）打开素材文件夹中的"学生成绩表的统计与分析原稿.xlsx"工作簿，在 Sheet1 工作表中录入学生成绩相关数据，并统计学生的总成绩和排名。

① 学生学号的输入：使用填充柄进行快速填充。

② 总成绩的计算：使用 SUM() 函数进行计算。

③ 名次的计算：使用 RANK() 函数进行计算。选中单元格 H4，插入函数 RANK()，参照图 2-29 设置函数参数，"Number"参数选择第一名学生"总成绩"所在的单元格 G4，"Ref"参数选中单元格区域 G4:G28，并编辑为 $G$4:$G$28（表示绝对引用该单元格区域），"Order"参数填写"0"或者省略（表示按降序排序），单击"确定"按钮显示结果。（提示：RANK()函数用来返回某数字在一列数字中相对于其他数字的大小排位，排列名次一般使用该函数。）

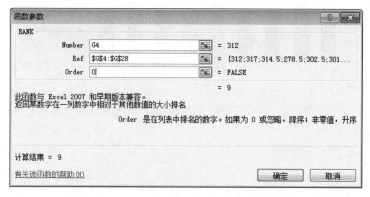

图2-29 RANK()函数参数对话框

④ 班级的输入：选中要输入班级的单元格区域 I4:I28，单击"数据"选项卡 |"数据工具"组 |"数据有效性"|"数据有效性"，制作"班级"序列进行快速填充。（提示：操作方法在本章"案例1"中已有说明，参考"部门"和"职务"的输入。）

（2）将文件保存为"学生成绩表的统计与分析.xlsx"工作簿。

Sheet2：

（1）在 Sheet2 工作表中，创建一个"各科成绩的统计与分析表"，参照图 2-24 对其单元格格式进行设置。

① 平均分的计算：选中单元格 C3，输入表达式"=AVERAGE（Sheet1!C4:C28）"，表示要跨工作表选择 Sheet1 工作表中所有人的"精读"成绩来统计平均值，其他三科可以使用填充柄快速填充。再将"平均分"数据区域的数字格式设置为保留 2 位小数。

② 优秀率和及格率的计算：首先计算"精读"科目成绩的优秀率（即计算"精读"成绩在 85 分以上的人数占"精读"考试总人数的比例），选中单元格 C4，输入表达式

"=COUNTIF(Sheet1! C4:C28,">85")/COUNT(Sheet1!C4:C28)"，按【Enter】键确定。同理，计算"精读"科目成绩的及格率（即计算"精读"成绩在 60 分以上的人数占"精读"考试总人数的比例）。其他科目的优秀率和及格率可以使用填充柄填充，然后设置数据区域的数字格式为百分比样式。

③ 前三名的计算："精读"成绩的第一名使用 MAX() 函数计算。第二名和第三名使用 LARGE() 函数计算，选中单元格 C7，插入函数 LARGE()，参照图 2-30 设置函数参数，"Array"参数选择 Sheet1 中所有"精读"成绩区域"Sheet1!C4:C28"，"K"参数输入"2"（表示显示数据区中第二个最大值），单击"确定"按钮显示结果；同理，计算"精读"成绩的第三名。其他科目的前三名可以使用填充柄填充。

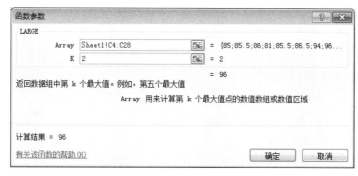

图2-30　LARGE()函数参数对话框

④ 最后两名的计算：最后一名成绩使用 MIN() 函数计算，倒数第二名使用 SMALL() 函数计算。

（2）在该工作表中创建一个"各成绩段人数分析表"，使用 COUNTIF() 或 COUNTIFS() 函数统计各成绩段人数，使用 COUNT() 或 COUNTA() 函数统计总人数。（提示：COUNTIF() 函数只能统计一个区域内、符合一个条件的单元格个数；COUNTIFS() 函数能够统计多个区域内、符合多个条件的单元格个数。这里需要统计各分数段人数，例如：统计 90 ～ 100 分的人数，第一个条件为">=90"，第二个条件为"<=100"，使用 COUNTIFS() 函数进行统计更为简便。）

（3）保存"学生成绩表的统计与分析 .xlsx"工作簿。

Sheet3：

（1）复制 Sheet1 工作表中学生成绩表的"班级"及"各科成绩"，粘贴到 Sheet3 工作表中，作为该工作表使用的数据源，如图 2-31 所示。（提示：单击"开始"选项卡 |"剪贴板"组 |"粘贴"|"选择性粘贴"，选中"数值"单选项，只粘贴数值，如图 2-32 所示。）

（2）统计各班各科成绩平均分：选中单元格 G1，单击"数据"选项卡 |"数据工具"组 |"合并计算"，参照图 2-33 进行设置，"函数"为"平均值"，"引用位置"为单元格区域 $A$1:$E$26，"标签位置"选中"首行""最左列"复选项，单击"确定"按钮后可计算出各班各科成绩的平均分。对合并计算结果的单元格区域进行字体、边框和底纹颜色的设置，并对该数据列表按"班级"进行升序排序，结果如图 2-34 所示。

	A	B	C	D	E
1	班级	精读	听力	计算机	体育
2	2班	85	81	60	86
3	1班	85.5	60.5	86	85
4	3班	86	63.5	81	84
5	1班	81	55.5	81	61
6	2班	85.5	62.5	70.5	84
7	2班	86.5	65.5	80.5	68.5
8	1班	94	68.5	60.5	79
9	3班	96.5	67.5	66	63
10	3班	86	63.5	81	84
11	3班	81	55.5	91.5	84
12	1班	85.5	62.5	64	61
13	2班	86	63.5	65	67
14	2班	68	98.5	58	79
15	1班	81	61.5	58.5	86
16	2班	81.5	50.5	79	85
17	3班	85	81	65	84
18	3班	85.5	60.5	86	61
19	1班	86	63.5	81	84
20	3班	81	55.5	91.5	61
21	2班	85.5	62.5	70.5	84
22	3班	86.5	65.5	80.5	68.5
23	2班	94	68.5	86	79
24	2班	96	67.5	66	63
25	1班	67.5	79	96.5	81
26	3班	66.5	92.5	86.5	95.5

图2-31　复制数据源

图2-32　"选择性粘贴"对话框

图2-33　"合并计算"对话框

班级	精读	听力	计算机	体育
1班	82.5	68.66667	74.61111	77.22222
2班	86.4375	64.1875	72.1875	74.8125
3班	83.5625	68.0625	80.375	78

图2-34　"合并计算"数据结果

（3）为各班各科成绩平均分制作圆柱形图表，结果如图 2-25 所示。

① 选择图表数据源：选中 Sheet3 中的单元格区域 G1:K4 作为图表的数据源。

② 选择图表类型并插入图表：单击 "插入" 选项卡 | "图表" 组 | "柱形图" | "圆柱图" | "簇状圆柱图"，得到如图 2-35 所示的图表雏形。

③ 设置图表的标题、图例位置、网格线：选中图表，单击 "图表工具 - 布局" 选项卡，设置图表标题为 "各班成绩对比"，"主要横坐标轴标题" 为 "科目"，"主要纵坐标轴标题" 为 "平均成绩"；设置 "在底部显示图例"；设置不显示网格线。

④ 在图表区空白处双击，弹出图 2-36 所示的 "设置图表区格式" 对话框，在此完成图表区的填充、边框、阴影、三维等各项格式的设置。同理，可按照需要在相应的位置双击，对图表的标题、绘图区、背景墙、侧面墙、基底、垂直（值）轴、水平（类别）轴、图例等进行格式设置，得到如图 2-25 所示的图表。

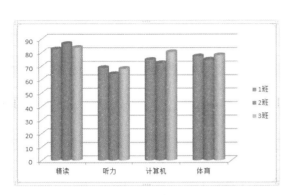

图2-35　图表雏形

图2-36　"设置图表区格式"对话框

（4）保存"学生成绩表的统计与分析 .xlsx"工作簿。

Sheet4：

引用 Sheet4 工作表中的数据创建数据透视图。选中 Sheet4 数据列表中任意一个单元格，单击"插入"选项卡 |"表格"组 |"数据透视表"|"数据透视图"，参照图 2-37 选择要分析的数据区域，并设置"选择放置数据透视表和数据透视图的位置"为"新工作表"，即 Sheet5 工作表中。

Sheet5：

（1）将图 2-38 中选中的字段拖动到图 2-39 所示的字段选项区域，得到如图 2-40 所示的数据透视表雏形和如图 2-41 所示的数据透视图雏形。

图2-37　创建数据透视图

图2-38　数据透视表字段列表

图2-39　数据透视图字段布局

（2）编辑数据透视表：选择数据透视表"列标签"列表中"1 班"查看明细和汇总结果；汇总方式默认为求和项，在"求和项：精读""求和项：听力"上分别右击，在弹出的快捷菜单中选择"值字段设置"命令，弹出"值字段设置"对话框，参照图 2-42 将"值汇总方式"的计算类型设置为"平均值"，最终得到如图 2-27 所示的数据透视表，图 2-28 所示的数据透视图。

行标签	1班 求和项:精读	1班 求和项:听力	2班 求和项:精读	2班 求和项:听力	3班 求和项:精读	3班 求和项:听力	求和项:精读汇总	求和项:听力汇总
丁力赢			85.5	60.5			85.5	60.5
高小蒙			96	67.5			96	67.5
韩溪雪			85	81			85	81
华泽兵	67.5	79					67.5	79
江威威			85.5	62.5			85.5	62.5
刘梦	94	68.5					94	68.5
刘秋实					81	55.5	81	55.5
刘先民					86.5	65.5	86.5	65.5
刘翔月					86	63.5	86	63.5
刘洋			85.5	62.5			85.5	62.5
刘泽也	81	61.5					81	61.5
任志强	85.5	60.5					85.5	60.5
孙晶晶					81	55.5	81	55.5
唐嘉惠	94	68.5					94	68.5
腾招			86	63.5			86	63.5
王晓丹					86	63.5	86	63.5
王旭东	85.5	62.5					85.5	62.5
谢龙	86	63.5					86	63.5
于唐浩	68	98.5					68	98.5
运宏宇					85	81	85	81
张光远	81	55.5					81	55.5
张明珠					66.5	92.5	66.5	92.5
张学文			81.5	50.5			81.5	50.5
郑海宇			86.5	65.5			86.5	65.5
周晓国					96.5	67.5	96.5	67.5
总计	742.5	618	691.5	513.5	668.5	544.5	2102.5	1676

图2-40　数据透视表雏形

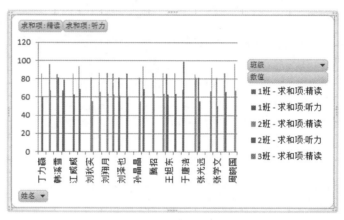

图2-41　数据透视图雏形

（3）编辑数据透视图：数据透视图是数据透视表的可视化表现，它和图表一样，具有丰富的表现类型。数据透视图可以更改布局和字段，例如，在图例字段——"班级"列表显示全部或部分班级数据，在轴字段——"姓名"列表将显示对应人员的数据。

由于数据透视图、数据透视表及数据源是相关联的，因此数据透视表中的字段变化时，数据透视图也会随之变化。反之，更改数据透视图的字段项，数据透视表也会随之变化。

（4）保存"学生成绩的统计与分析.xlsx"工作簿。

图2-42　"值字段设置"对话框

第 **3** 章

PowerPoint演示文稿软件应用

案例1　企业宣传册

案例描述

本案例要求制作某钟表公司的企业宣传册。企业宣传册犹如一张艺术化的企业名片，是企业进行自我推销、彰显实力的重要手段，其制作质量直接影响到企业的整体形象。一个制作精良的企业宣传册能够让客户在最短时间内全面了解企业的精神、文化、实力及发展现状等。

参照图 3-1~ 图 3-5 设计并制作某钟表公司的企业宣传册。

图3-1　企业宣传册幻灯片一

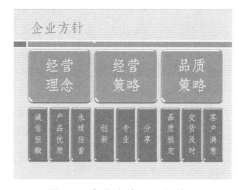

图3-2　企业宣传册幻灯片二

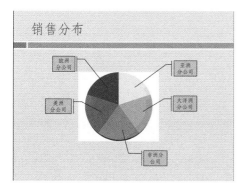

图3-3　企业宣传册幻灯片三

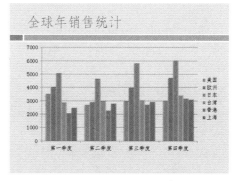

图3-4　企业宣传册幻灯片四

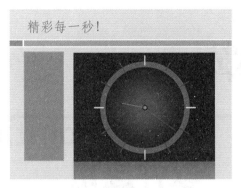

图3-5　企业宣传册幻灯片五

案例分析

利用 PowerPoint 制作企业宣传册，在内容上应力求简洁明了、重点突出，同时在制作方法上可充分利用各种媒体元素（如艺术字、自选图形、SmartArt 图形、图片、图表、Flash 动画等）来增添演示文稿的生动性和视觉感染力。

在制作演示文稿前，首先根据宣传册的主题为演示文稿选择合适的设计主题，再依次制作各张幻灯片。

第一张幻灯片所涉及的知识点包括艺术字和图片。其中，标题使用艺术字；将象征着企业的图片裁剪为心形形状并设置图片效果。

第二张幻灯片所涉及的知识点包括 SmartArt 图形。将企业的"经营理念"、"经营策略"和"品质策略"用 SmartArt 图形展示出来，并为 SmartArt 图形设置适当的样式。

第三张幻灯片所涉及的知识点包括图片、自选图形和动画。其中，在幻灯片的中心插入一张"分布图"图片；利用自选图形中的"标注"在分布图上注明该公司在全球的销售分布情况，并为自选图形添加动画效果。

第四张幻灯片所涉及的知识点包括图表。根据已提供的 Excel 数据源"各季度销售统计数据"在该张幻灯片中创建图表，并为图表设置适当的样式。

第五张幻灯片所涉及的知识点包括 Flash 动画。在幻灯片中插入一个 Flash 钟表动画，并为 Flash 动画设置适当的样式。

过程提示

启动 Microsoft PowerPoint 2010，并建立一个空演示文稿，单击"设计"选项卡 | "主题"组中的"其他"按钮，在下拉列表中选择"中性"主题，如图 3-6 所示，选择幻灯片主题；单击"设计"选项卡 | "背景"组 | "背景样式" | "样式 10"，如图 3-7 所示，设置幻灯片背景样式。

幻灯片具体设置方法如下。

（1）幻灯片一：

①幻灯片版式：单击"开始"选项卡 | "幻灯片"组 | "版式"，选择"图片与标题"。

②图片：单击"插入"选项卡 | "图像"组 | "图片"，插入素材文件夹中的图片"钟表 .jpg"；单击"图片工具－格式"选项卡 | "调整"组 | "颜色" | "色调" | "色温 11200K"，如图 3-8 所示，

调整图片的颜色；单击"图片样式"组 |"图片效果"|"发光"|"灰色50%，18pt 发光，强调文字颜色 6"，如图 3-9 所示，添加图片发光效果；单击"大小"组 |"裁剪"|"裁剪为形状"，参照图 3-10 在弹出的级联菜单中选择基本形状中的"心形"。

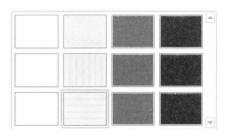

图3-6 幻灯片主题列表　　　　　　　　图3-7 "背景样式"列表

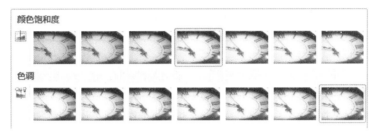

图3-8 "颜色"列表

图3-9 "图片效果"中"发光"列表　　　　　图3-10 "裁剪"列表

③ 文字：参照图 3-1 添加标题和文本，在"开始"选项卡中设置标题文字的字体为华文新魏，字号为 48，副标题文字右对齐；选中标题文字，单击"绘图工具 - 格式"选项卡 |"艺术字样式"组 |"文本效果"|"阴影"|"右下斜偏移"，如图 3-11 所示，添加文本阴影效果；单击"艺术字样式"组 |"文本效果"|"发光"|"金色，5pt 发光，强调文字颜色 4"，

如图 3-12 所示，添加文本发光效果。

图3-11　"文本效果"中"阴影"列表　　　　图3-12　"文本效果"中"发光"列表

（2）幻灯片二：

单击"开始"选项卡 |"幻灯片"组 |"新建幻灯片"，插入第二张幻灯片。

① 幻灯片版式：单击"开始"选项卡 |"幻灯片"组 |"版式"，选择"标题和内容"，参照图 3-2 输入标题文字。

② SmartArt 图形：在内容占位符处插入 SmartArt 图形，选择"层次结构"中的"表层次结构"；选中第一层级的形状，单击"SmartArt 工具 - 设计"选项卡 |"创建图形"组 |"添加形状"|"在后面添加形状"，如图 3-13 所示，在当前选中形状右侧添加一个新的形状；同理添加其他第一层级和第二层级的形状；选中第三层级的形状按【Delete】键删除；在各形状上右击，在弹出的快捷菜单中选择"编辑文本"命令，参照图 3-2 所示输入文本；单击"SmartArt 样式"组 |"更改颜色"|"彩色 - 强调文字颜色"，如图 3-14 所示，更改图形颜色；单击"SmartArt 样式"列表 |"三维"|"优雅"，如图 3-15 所示，更改图形样式。

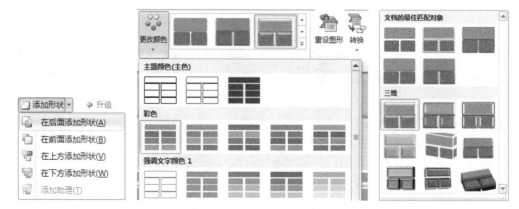

图3-13　"添加形状"列表　　　图3-14　"更改颜色"列表　　　图3-15　"SmartArt样式"列表

（3）幻灯片三：

单击"开始"选项卡 |"幻灯片"组 |"新建幻灯片"，插入第三张幻灯片，版式默认与上一张幻灯片相同，即"标题和内容"，参照图 3-3 输入标题文字。

① 图片：单击"插入"选项卡 |"图像"组 |"图片"，插入素材文件夹中的图片"分布图 .gif"，

适当调整其大小和位置。

② 自选图形：单击"插入"选项卡 |"插图"组 |"形状"，在弹出的下拉列表中选择"标注"中的"线形标注 2（带边框和强调线）"，在幻灯片中绘制标注，并在标注形状上右击，在弹出的快捷菜单中选择"编辑文字"命令，参照图 3-3 输入标注文字，在"开始"选项卡中设置标注文字的颜色为标准色中的"深蓝"；单击"绘图工具 - 格式"选项卡 |"形状样式"组 |"形状填充"，参照图 3-16 选择标准色中的"橙色"作为形状填充的颜色；单击"形状轮廓"按钮，选择标准色中的"深蓝"作为形状轮廓的颜色。用类似的方法制作其他的标注形状，方向相反的形状单击"绘图工具 - 格式"选项卡 |"排列"组 |"旋转"|"水平翻转"，如图 3-17 所示，将其水平翻转。

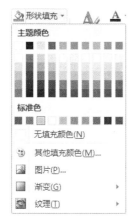

图3-16 形状的填充颜色   图3-17 水平翻转形状

③ 动画：选中"美洲分公司"的自选图形，单击"动画"选项卡 |"高级动画"组 |"添加动画"|"进入"|"擦除"，为自选图形添加擦除的进入动画；单击"动画"组 |"效果选项"|"自右侧"，如图 3-18 所示，设置动画的方向；在"计时"组中选择"开始"方式为"上一动画之后"，"持续时间"为"01.00"，如图 3-19 所示，设置动画的计时效果。用类似的方法为其他自选图形添加动画效果。

（4）幻灯片四：

单击"开始"选项卡 |"幻灯片"组 |"新建幻灯片"，插入第四张幻灯片，版式默认与上一张幻灯片相同，即"标题和内容"，参照图 3-4 输入标题文字。在内容占位符处插入图表，选择"柱形图"中的"簇状柱形图"，删除默认打开的 Excel 中的数据，将素材文件夹中 Excel 数据源"各季度销售统计数据 .xlsx"中的数据复制、粘贴过来；单击"图表工具 - 设计"选项卡 |"数据"组 |"选择数据"，在打开的 Excel 中用鼠标拖动的方式选择形成图表的数据；单击"图表工具 - 设计"选项卡，参照图 3-20 选择"图表布局"列表中的"布局 11"；参照图 3-21 选择"图表样式"列表中的"样式 26"。

（5）幻灯片五：

单击"开始"选项卡 |"幻灯片"组 |"新建幻灯片"，插入第五张幻灯片。

① 幻灯片版式：单击"开始"选项卡 |"幻灯片"组 |"版式"，选择"内容与标题"，参照图 3-5 输入标题文字。

② Flash 动画：单击"插入"选项卡 |"媒体"组 |"视频"|"文件中的视频"，插入素

材文件夹中的 Flash 动画"钟表 .swf",适当调整其大小和位置;单击"视频工具 - 格式"选项卡|"视频样式"组|"视频效果"|"映像"|"紧密映像,接触",如图 3-22 所示,添加视频效果;单击"视频工具 - 播放"选项卡|"视频选项"组,选择"开始"方式为"自动"。

(6)将文件保存为"企业宣传册 .pptx"演示文稿。

图3-18 动画方向

图3-19 动画计时效果

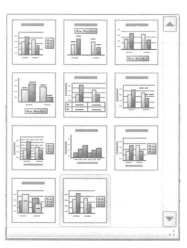

图3-20 "布局"列表

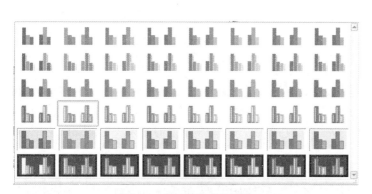

图3-21 "图表样式"列表

图3-22 "视频效果"中
"映象"列表

案例2 新产品上市推广企划案

案例描述

本案例要求制作新产品上市推广企划案。产品推广的目的在于使消费者了解、认同产品,并产生购买产品的欲望和行动。因此,在企划案中应准确定位产品的目标受众,并对产品的功能、价格等各方面优势进行充分展示;同时,要为产品制定内容详尽、切实可行的推广策略。

参照图 3-23 ~图 3-28 设计"腾跃汽车"新产品上市推广企划案。

图3-23　推广企划案幻灯片一

图3-24　推广企划案幻灯片二

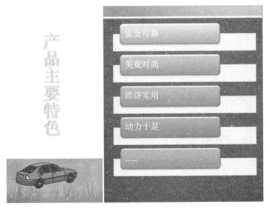

图3-25　推广企划案幻灯片三

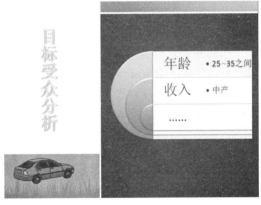

图3-26　推广企划案幻灯片四

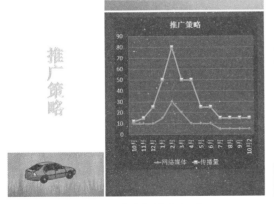

图3-27　推广企划案幻灯片五

图3-28　推广企划案幻灯片六

案例分析

利用 PowerPoint 制作新产品上市推广企划案，在内容上应力求简洁明了、重点突出，同时在制作方法上可充分利用各种媒体元素（如艺术字、图片、SmartArt 图形、图表、声音等）来增添演示文稿的生动性和视觉感染力。

在制作演示文稿前，首先根据企划案的主题为演示文稿中各张幻灯片选择合适的设计主题，再依次制作各张幻灯片。

第一张幻灯片所涉及的知识点包括艺术字、图片和音频。其中，企划案标题和汽车品牌均使用艺术字；在幻灯片中插入汽车图片，并利用"设置透明色"功能将其背景设置为透明；此外，在该张幻灯片中插入音频文件，并设置其播放过程贯穿整个演示文稿的所有幻灯片，且播放时隐藏声音图标。

第二张幻灯片所涉及的知识点包括 SmartArt 图形和超链接。其中，"产品主要特色"、"产品目标受众"和"产品推广策略"使用 SmartArt 图形展示；分别将其超链接到对应的第三、四、五张幻灯片。

第三张幻灯片所涉及的知识点包括艺术字和 SmartArt 图形。其中，标题使用艺术字；产品主要特色介绍使用 SmartArt 图形；在第三、四、五张幻灯片所应用的母版中插入去除背景颜色后的汽车图片，将其超链接到第二张幻灯片。

第四张幻灯片所涉及的知识点包括艺术字和 SmartArt 图形。其中，标题使用艺术字；目标受众分析使用 SmartArt 图形。

第五张幻灯片所涉及的知识点包括艺术字和图表。其中，标题使用艺术字；推广时间安排使用图表，并为图表添加按系列出现的动画效果。

第六张幻灯片所涉及的知识点包括艺术字。标题使用艺术字，并为艺术字添加波浪形的强调动画。

过程提示

启动 Microsoft PowerPoint 2010，并建立一个空演示文稿，参照图 3-29 单击"设计"选项卡 |"主题"组列表 |"浏览主题"，在弹出的"选择主题或主题文档"对话框中选择素材文件夹中的文件"主题 .thmx"。

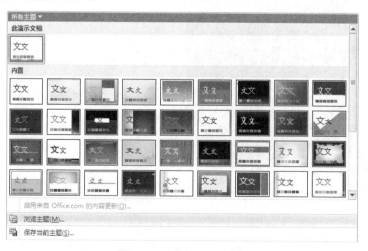

图3-29 "主题"组列表

幻灯片具体设置方法如下。

（1）幻灯片一：

①标题：参照图3-23输入标题文字，在"开始"选项卡中设置标题的字体为华文新魏；选中标题文字，单击"绘图工具-格式"选项卡|"艺术字样式"组列表|"应用于形状中的所有文字"|"填充-橙色，强调文字颜色1，塑料棱台，映像"，如图3-30所示，为标题文字应用文字效果，并适当调整文字大小。

②图片：单击"插入"选项卡|"图像"组|"图片"，插入素材文件夹中的图片"汽车.jpg"；单击"图片工具-格式"选项卡|"调整"组|"颜色"|"设置透明色"，如图3-31所示；单击图片背景中的白色，将白色背景设置为透明，适当调整图片的大小和位置。

图3-30　"艺术字样式"列表

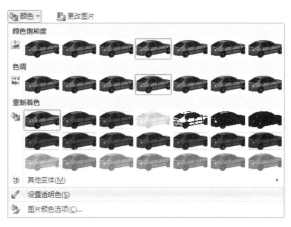

图3-31　设置图片透明色

③音频：单击"插入"选项卡|"媒体"组|"音频"|"文件中的音频"，插入素材文件夹中的音频文件"音乐.mp3"；单击"音频工具-播放"选项卡，参照图3-32在"音频选项"组中设置音频开始播放的方式为"跨幻灯片播放"，选择"循环播放，直到停止"和"放映时隐藏"复选项。

图3-32　音频选项

（2）幻灯片二：

单击"开始"选项卡|"幻灯片"组|"新建幻灯片"，插入第二张幻灯片。

①幻灯片版式：单击"开始"选项卡|"幻灯片"组|"版式"，选择"标题和内容：强调"，参照图3-24输入标题文字，单击"开始"选项卡|"段落"组中的"左对齐"按钮。

②SmartArt图形：在内容占位符处插入SmartArt图形，在"选择SmartArt图形"对话框中选择"循环"中的"多向循环"，参照图3-24输入相关文字；单击"SmartArt工具-设计"选项卡|"SmartArt样式"组|"更改颜色"|"彩色"|"彩色-强调文字颜色"，更改图形颜色；单击"SmartArt样式"列表|"三维"|"嵌入"，更改图形样式。

（3）幻灯片三、幻灯片四：

单击"开始"选项卡|"幻灯片"组|"新建幻灯片"，插入第三张幻灯片和第四张幻灯片。

①幻灯片版式：单击"开始"选项卡|"幻灯片"组|"版式"，选择"内容与标题"。

② 标题：参照图 3-25 和图 3-26 输入标题文字，在"开始"选项卡中设置标题字号为 48，居中对齐，文字方向为"竖排"；单击"绘图工具 - 格式"选项卡 |"艺术字样式"组 |"艺术字样式"列表 |"应用于所选文字"|"填充 - 无, 轮廓 - 强调文字颜色 2"，设置文本效果，并适当调整标题文本框的大小和位置。

③ SmartArt 图形：在内容占位符处插入 SmartArt 图形，在"选择 SmartArt 图形"对话框中为幻灯片三选择"列表"中的"垂直框列表"，幻灯片四选择"列表"中的"目标图列表"；第三、四张幻灯片中的 SmartArt 图形均采用相同的样式，单击"SmartArt 工具 - 设计"选项卡 |"SmartArt 样式"组 |"更改颜色"|"彩色"|"彩色 - 强调文字颜色"，更改图形颜色，单击"SmartArt 样式"列表 |"文档的最佳匹配对象"|"强烈效果"，更改图形样式；参照图 3-25 和图 3-26 输入 SmartArt 图形中的相关文字。

（4）幻灯片五：

单击"开始"选项卡 |"幻灯片"组 |"新建幻灯片"，插入第五张幻灯片。

① 幻灯片版式和标题格式设置与幻灯片三相同。

② 图表：在幻灯片五的内容占位符处插入图表，在"插入图表"对话框中选择"折线图"中的"带数据标记的折线图"，删除默认打开的 Excel 中的数据，将素材文件夹中 Excel 数据源"数据源 .xlsx"中的数据复制、粘贴过来；单击"图表工具 - 设计"选项卡 |"数据"组 |"选择数据"，参照图 3-33 在弹出的"选择数据源"对话框中单击"切换行 / 列"按钮，确定后更新生成图表数据；在"图表工具 - 设计"选项卡中选择"图表布局"列表中的"布局 3"，选择"图表样式"列表中的"样式 42"，并参照图 3-27 输入图表标题。

③ 动画：选中图表，单击"动画"选项卡 |"高级动画"组 |"添加动画"|"进入"|"擦除"，为图表添加擦除的进入动画；单击"动画"组 |"效果选项"|"方向"|"自左侧"和"效果选项"|"序列"|"按系列"，如图 3-34 所示，设置动画效果。

图3-33　"选择源数据"对话框

图3-34　动画效果

（5）幻灯片六：

单击"开始"选项卡 |"幻灯片"组 |"新建幻灯片"，插入第六张幻灯片。

① 幻灯片版式：单击"开始"选项卡 |"幻灯片"组 |"版式"，选择"仅标题"。

② 文字：参照图 3-28 输入标题文字，文字效果与幻灯片一相同。

③动画：选中标题，单击"动画"选项卡 | "高级动画"组 | "添加动画" | "强调" | "波浪形"。

（6）超链接：

选中幻灯片二 SmartArt 图形中"产品主要特色"形状，单击"插入"选项卡 | "链接"组 | "超链接"，弹出"插入超链接"对话框，参照图 3-35 选择"本文档中的位置"中幻灯片标题"3. 产品主要特色"；同理，将"产品目标受众"形状链接到幻灯片标题"4. 目标受众分析"，将"产品推广策略"形状链接到幻灯片标题"5. 推广策略"。

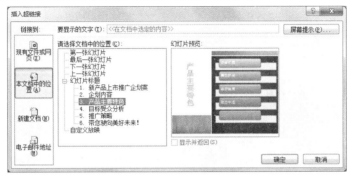

图3-35 "插入超链接"对话框

（7）幻灯片母版：

单击"视图"选项卡 | "母版视图"组 | "幻灯片母版"，进入幻灯片母版的编辑状态，选择"内容与标题"版式的母版，单击"插入"选项卡 | "图像"组 | "图片"，插入素材文件夹中的图片"汽车 .jpg"；单击"图片工具 - 格式"选项卡 | "调整"组 | "颜色" | "设置透明色"，单击图片背景中的白色，将背景白色设置为透明色，适当调整图片的大小和位置；选中汽车图片，单击"插入"选项卡 | "链接"组 | "超链接"，弹出"插入超链接"对话框，选中"本文档中的位置"中幻灯片标题"2. 企划内容"；单击"视图"选项卡 | "演示文稿视图"组 | "普通视图"，返回到幻灯片编辑视图。

（8）幻灯片切换：

单击"切换"选项卡 | "切换到此幻灯片"列表 | "华丽型" | "蜂巢"，如图 3-36 所示，设置当前幻灯片的切换方式；单击"计时"组 | "全部应用"按钮，使所有幻灯片均应用这种切换方式。

图3-36 "切换到此幻灯片"列表

（9）将文件保存为"新产品上市推广企划案 .pptx"演示文稿。

第 **4** 章

Access数据库软件应用

案例1 员工工资统计管理

案例描述

对于企业和公司，拥有一套完善的员工工资统计管理系统是非常必要的。这不仅能够提高人事和工资管理的效率，也是企业实现科学化、正规化和标准化管理的重要条件。"员工工资统计管理"系统是一个具有工资查询和生成工资报表功能的简单数据库应用案例。

案例分析

本案例要设计并完成"员工工资统计管理"系统。系统主要由一个主功能界面和两个子功能界面组成，使用命令按钮实现窗体的调用。系统整体结构如图 4-1 所示。

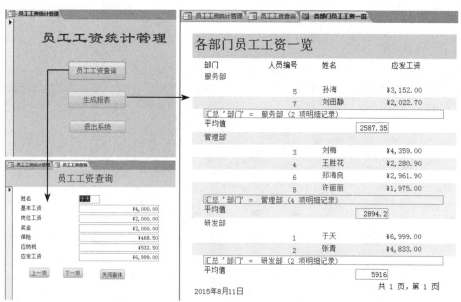

图4-1 "员工工资统计管理"系统结构图

1. 主功能界面

"员工工资统计管理"系统启动时能够自动运行并进入主功能窗体,用户通过单击窗体中不同的命令按钮实现调用其他子功能界面及退出系统的功能。在设计系统时主要运用了Access中查询、窗体、命令按钮和宏对象等综合应用技巧。

2. 子功能界面

(1)"员工工资查询"子功能界面:该功能界面用于浏览每名员工的工资详单,主要通过Access查询的结果生成窗体,同时为该窗体添加不同的命令按钮来实现浏览数据和关闭窗体的功能。

(2)"各部门员工工资一览"子功能界面:这是工资统计管理系统设计的最后一步,需要将工资详单生成报表,以方便打印输出,主要运用了Access制作报表的方法。

过程提示

(1)建立数据库。"员工工资统计管理"数据库包括表、查询、窗体、报表和宏等多个对象。

首先要建立一个空数据库,然后导入素材文件夹中的"员工工资数据源.xlsx"文件,生成"基本情况"表和"工资"表,参照表4-1和表4-2的表结构适当修改各字段的属性。

表4-1 "基本情况"表结构

字 段 名 称	数 据 类 型	字 段 大 小	主 键
人员编号	数字	整型	是
姓名	文本	8	
职务	文本	20	
电话	文本	20	
部门	文本	20	

表4-2 "工资"表结构

字 段 名 称	数 据 类 型	字 段 大 小	主 键
人员编号	数字	整型	是
基本工资	货币		
岗位工资	货币		
奖金	货币		
保险	货币		
应纳税	货币		

下面以"员工工资数据源.xlsx"中的"基本情况"工作表为例,创建方法如下:

① 新建空数据库。启动Access程序,新建空数据库"员工工资统计管理.accdb",如图4-2所示。

图4-2   创建"员工工资统计管理"数据库

② 导入外部数据。单击"外部数据"选项卡 |"导入并链接"组 |"Excel",选择导入的"员工工资数据源 .xlsx"文件，单击"确定"按钮，如图 4-3 所示。

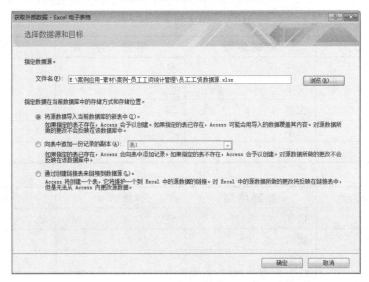

图4-3   导入"员工工资数据源.xlsx"文件

③ 选择工作表。打开"导入数据向导"对话框，选择"显示工作表"|"基本情况"，单击"完成"按钮，将 Excel 工作表中的数据导入当前数据库的"基本情况"表中。

④ 进入表设计视图。在数据库操作窗口左侧对象栏中双击"基本情况"表名，窗口右侧显示表中记录；单击"数据工具 - 设计"选项卡 |"视图"组 |"视图"|"设计视图"，进入表的设计视图，如图 4-4 所示。参照表 4-1 适当修改各字段属性。

同理，"工资"表数据由"员工工资数据源 .xlsx"中的"工资"工作表导入，这里不再赘述。

图4-4 表的设计视图中修改各字段属性

（2）设置数据表关系。将"基本情况"表与"工资"表按"人员编号"字段关联，为建立查询做数据准备。创建方法如下：单击"数据库工具"选项卡 |"关系"组 |"关系"，将两个数据表添加至"关系"窗口中，将"基本情况"表中的"人员编号"字段拖动至"工资"表中的"人员编号"字段上，弹出"编辑关系"对话框，选择"实施参照完整性（E）"复选项，即可建立"一对一"的关联，结果如图4-5所示。

（3）建立查询。本案例建立的查询属于生成字段查询。通过"工资"表中的数据生成新字段"应发工资"，目的是为生成"员工工资"查询子功能界面做数据准备。创建方法如下：

① 创建查询对象。单击"创建"选项卡 |"查询"组 |"查询设计"，将"工资"表和"基本情况"表均添加至查询设计视图窗口中，然后分别从各表中选择所需字段拖动至窗口下方"字段"行右侧的各单元格中（包括"人员编号"、"姓名"、"部门"、"基本工资"、"岗位工资"、"奖金"、"保险"和"应纳税"），如图4-6所示。

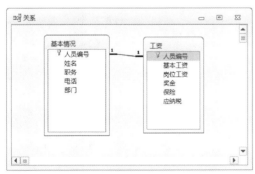

图4-5 数据表关系设置

图4-6 创建"员工工资"查询对象

② 添加新字段"应发工资"。在"应纳税"字段后面添加一个新字段，并输入计算该字段值的表达式"应发工资 :[基本工资]+[岗位工资]+[奖金]-[保险]-[应纳税]"，如图 4-7

所示。

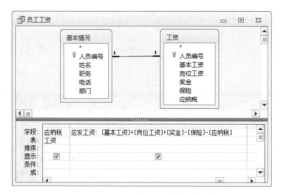

图4-7 添加"应发工资"新字段

③ 以"员工工资"为文件名保存查询并运行，结果如图4-8所示。

人员编号	姓名	部门	基本工资	岗位工资	奖金	保险	应纳税	应发工资
1	于天	研发部	¥4,000.00	¥2,000.00	¥2,000.00	¥468.50	¥532.50	¥6,999.00
2	张青	研发部	¥3,000.00	¥1,000.00	¥1,500.00	¥320.50	¥346.50	¥4,833.00
3	刘梅	管理部	¥3,000.00	¥1,000.00	¥1,000.00	¥320.50	¥320.50	¥4,359.00
4	王胜花	管理部	¥1,500.00	¥500.00	¥500.00	¥120.50	¥98.60	¥2,280.90
5	孙海	服务部	¥2,000.00	¥700.00	¥800.00	¥212.50	¥135.50	¥3,152.00
6	郑海良	管理部	¥2,000.00	¥700.00	¥600.00	¥212.50	¥125.60	¥2,961.90
7	刘田静	服务部	¥1,500.00	¥400.00	¥300.00	¥120.50	¥56.80	¥2,022.70
8	许丽丽	管理部	¥1,500.00	¥400.00	¥250.00	¥120.50	¥54.50	¥1,975.00

图4-8 "员工工资"查询结果

（4）建立报表。以上面的"员工工资"查询结果为数据源，创建"各部门员工工资一览"报表。按要求以"部门"为单位统计每名员工的"应发工资"和各部门的平均"应发工资"，结果如图4-9所示。

图4-9 "各部门员工工资一览"报表结果

操作方法如下：

① 单击"创建"选项卡 |"报表"组 |"报表向导"，弹出"报表向导"对话框，单击"表 / 查询"下方的下拉按钮，从中选择已经建立的"员工工资"查询。

② 按照向导提示，从左侧"可用字段"列表中依次选定字段到右侧"选定字段"列表区（包括"部门"、"人员编号"、"姓名"和"应发工资"），如图 4-10 所示。单击"下一步"按钮，设置"分组级别"（以"部门"字段分组），如图 4-11 所示。单击"下一步"按钮，设置"排序次序"（按"人员编号"升序）、"汇总选项"（计算"应发工资"的"平均值"），如图 4-12 所示。单击"确定"按钮，完成报表布局、方向设置等步骤，最后命名报表标题为"各部门员工工资一览"，单击"完成"按钮进行保存。

③ 预览报表结果，可打开报表设计视图修改不满意的对象。

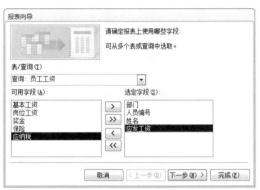

图4-10　"报表向导"对话框

图4-11　设置分组级别

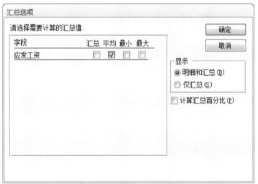

图4-12　设置报表的"排序次序"和"汇总选项"

（5）建立窗体。本案例共包含两个窗体：主窗体（主功能界面）和子窗体（子功能界面），主窗体通过命令按钮来调用相应的子窗体。

①"员工工资查询"子窗体。该窗体是查询员工工资详单的窗口，使用的数据源是已经建立的"员工工资"查询的结果。创建方法如下：

a. 单击"创建"选项卡 |"窗体"组 |"窗体向导"，参考本案例介绍的创建报表对象的方法，生成"员工工资查询"窗体，结果如图 4-13 所示。

b. 打开窗体设计视图，对该窗体进行适当修改。为避免查询者对工资信息的任意修改，通常把窗体中的七个文本框锁定。以"姓名"文本框为例,右击"姓名"文本框,在弹出的快捷菜单中选择"属性"命令,在属性对话框中单击"数据"选项卡,将"是否锁定"项设为"是",如图 4-14 所示。其他文本框设置与此类似。

c. 为本窗体添加三个命令按钮:"上一项"、"下一项"和"关闭窗体"。

"上一项"按钮创建方法:单击"窗体设计工具 - 设计"选项卡|"控件"组|"按钮",在窗体适当位置单击绘制出一个矩形,如图 4-15 所示。

图4-13 "员工工资查询"窗体

图4-14 "文本框:姓名"属性对话框

图4-15 绘制"命令按钮"

随之弹出"命令按钮向导"对话框,在此设置按钮功能。"类别"列选择"记录导航","操作"列选择"转至前一项记录",单击"下一步"按钮,在弹出的对话框中单击"文本"选项,在其右侧文本框中输入"上一项",单击"完成"按钮,如图 4-16 所示。

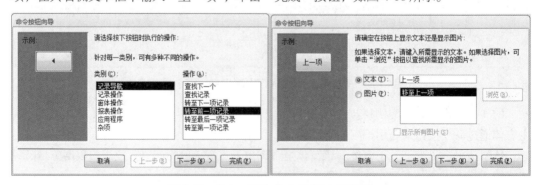

图4-16 "上一项"命令按钮功能设置

参考上述方法添加"下一项"和"关闭窗体"命令按钮,保存该窗体,运行结果如图 4-17 所示。

②"员工工资统计管理"主窗体。该窗体是系统启动时自动进入的主功能界面。在主窗体中,用户通过单击不同的命令按钮打开不同的窗口,单击"退出系统"按钮退出应用程序。窗体界面设计结果如图 4-18 所示。

图4-17　"员工工资查询"子窗体

图4-18　"员工工资统计管理"主窗体

创建方法如下:

a. 单击"创建"选项卡 | "窗体"组 | "窗体设计",新建窗体对象并打开设计视图窗口。单击"窗体设计工具 - 设计"选项卡 | "控件"组 | "标签"对象,在主体部分单击并在文本框中输入标题文字"员工工资统计管理",右击标签,在弹出的快捷菜单中选择"属性"命令,在标签属性窗口的"格式"选项卡中设置字体名称为"隶书"、字号为"28"、前景色为"深蓝"等属性,如图 4-19 所示。

b. 参考"员工工资查询"子窗体中的按钮添加方法,依次添加"员工工资查询"、"生成报表"和"退出系统"三个命令按钮。各按钮的功能设置如下:

- "员工工资查询"按钮:调用已建立的"员工工资查询"子窗体。
- "生成报表"按钮:调用已创建的"各部门员工工资一览"报表。
- "退出系统"按钮:退出当前应用程序,参数设置如图4-20所示。

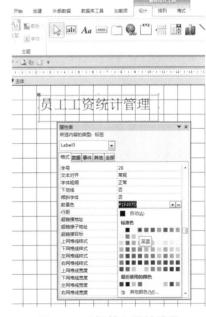

图4-19　"标签"属性设置

(6)建立宏对象。本案例使用宏对象实现"员工工资统计管理"主窗体的自动运行。具体创建方法:单击"创建"选项卡 | "宏与代码"组 | "宏",进入新建宏对象设计窗口,在"添加新操作"下拉列表中选择"OpenForm"命令(即"打开窗体"命令),选择相应的窗体名称"员工工资统计管理",以"Autoexec"命名并保存宏对象,如图 4-21 所示。(提示:Access 中以"Autoexec"命名的宏对象会在程序启动时自动运行。)

图4-20 "退出系统"按钮功能设置

图4-21 宏对象设计窗口

案例2 产品销售信息管理

案例描述

随着计算机的普及，许多中小型企业都在使用计算机来实现自动化管理。产品销售信息的统计管理是信息管理的一个典型应用，它不仅能够提高办公效率，也可以节约人工成本。参考本案例完成一个简单的"产品销售信息管理"系统的设计，它能实现销售利润统计、查询进货信息功能。

案例分析

本案例要设计并完成"产品销售信息管理"系统。系统主要由一个主功能界面和两个子功能界面组成，使用命令按钮实现窗体的调用。系统整体结构如图 4-22 所示。

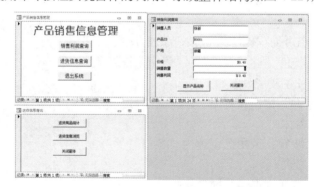
图4-22 "产品销售信息管理"系统结构图

1. 主功能界面

"产品销售信息管理"系统在启动时能够自动运行并进入主功能窗体。用户通过单击窗体中不同的命令按钮实现调用其他子功能界面及退出系统的功能，主要运用了 Access 中查询、窗体、命令按钮和宏对象等综合应用技巧。

2. 子功能界面

（1）"产品销售利润"子功能界面：完成各产品销售利润的统计查询功能，并可以通过单击命令按钮显示相应的产品名称，主要运用了 Access 命令按钮与宏对象的综合应用技巧。

（2）"进货信息查询"子功能界面：通过命令按钮分别实现对进货信息的统计、浏览及关闭窗体功能，主要运用了 Access 命令按钮与窗体的综合应用技巧。

过程提示

（1）建立数据库。启动 Access 程序，新建空数据库"产品销售信息管理 .accdb"，导入已有的"产品销售数据源 .xlsx"文件，分别生成"产品表"、"商场存货表"和"商场销售情况表"，并参照表 4-3、表 4-4、表 4-5 的表结构适当修改各数据表的字段属性。

表4-3　"产品表"的结构

字 段 名 称	数 据 类 型	字 段 大 小	主　　键
产品 ID	文本	5	是
产品名称	文本	255	
价格	货币		
产地	文本	255	

表4-4　"商场存货表"的结构

字 段 名 称	数 据 类 型	字 段 大 小	主　　键
产品编号	文本	5	是
产品名称	文本	255	
单位	文本	255	
存货数量	数字	整型	

表4-5　"商场销售情况表"的结构

字 段 名 称	数 据 类 型	字 段 大 小	主　　键
产品编号	文本	5	是
产品名称	文本	255	
单位	文本	255	
销售数量	数字	整型	
销售人员	文本	255	

（2）设置数据表关系。建立三个数据表之间的关联，如图 4-23 所示，具体创建方法参考本章"案例 1"中的数据表关系设置。

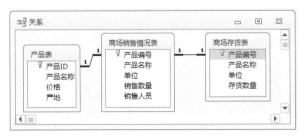

图4-23　数据表的关系设置

（3）建立查询。本案例共包含两个查询对象，其功能是对商品利润和进货信息进行统计，同时为生成相应子窗体做数据准备。

①"销售利润查询"。利用"产品表"和"商场销售情况表"的数据创建选择查询，使用表达式计算出销售利润，为生成"产品销售利润"子窗体做数据准备。具体创建方法参考本章"案例1"中建立查询的方法。在查询设计窗口中将所需字段添加至下方的各单元格中，在"销售数量"后面添加一个新字段，并输入表达式"销售利润:[价格]*[销售数量]"，如图4-24所示。以"销售利润查询"命名并保存该查询，运行查看统计结果。

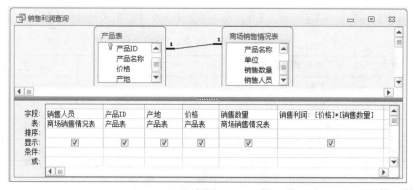

图4-24　"销售利润查询"设计视图窗口

②"进货信息查询"。查询出已销售完的商品信息，生成新的"进货表"，以便及时补充货源（提示：当商品销售数量与存货数量相等时，表示该商品已销售完，需及时进货。"进货表"的字段格式可参考"产品表"）。查询结果将作为"进货信息查询"子窗体的数据源。创建方法如下：

a. 创建查询对象，将三个数据表均添加至查询设计视图窗口中，在设计视图窗口中单击"查询工具 - 设计"|"查询类型"|"生成表"，如图4-25所示。设置生成的新数据表名称为"进货表"，如图4-26所示。

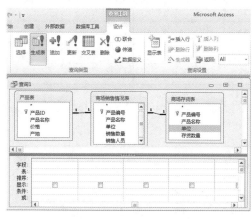

图4-25　生成表查询设计窗口

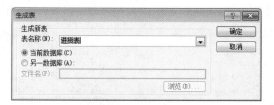

图4-26　生成"进货表"

b. 将"产品表"的所有字段添加到窗口下方"字段"行右侧的各单元格中，并在其后面添加一个新字段，输入表达式"[商场存货表]![存货数量]-[商场销售情况表]![销售数量]"，在"条件"行对应的单元格中输入"0",具体设置如图 4-27 所示。保存并运行"进货信息查询",可在 "表"对象中查看到新生成的"进货表"。

（4）"进货产品信息"报表。利用"进货信息查询"生成的"进货表"创建报表,统计出各地区所有产品的平均价格。具体创建方法参考本章"案例 1"中的创建报表方法,结果如图 4-28 所示。该报表为后续"进货信息查询"子窗体的生成做数据准备。

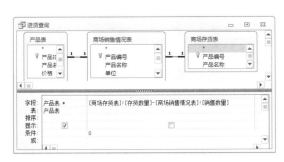

图4-27　"进货查询"设计视图窗口　　　　图4-28　"进货产品信息"报表

（5）建立窗体。本案例共包含三个窗体：一个主窗体,两个子窗体。主窗体通过命令按钮来调用相应的子窗体,窗体的建立和命令按钮的添加方法在本章"案例 1"中已经详细讲解,这里只对各按钮的功能设置进行介绍。

①"产品销售利润"子窗体。以"销售利润查询"的结果作为数据源,通过窗体向导生成该子窗体。打开窗体设计视图,修改窗体布局,如图 4-29 所示。（提示："关闭窗体"按钮的添加方法参考本章"案例 1"中为"员工工资查询"子窗体添加"关闭窗体"按钮的方法。"显示产品名称"按钮的功能是显示当前记录的产品名称,需通过宏对象来实现,请参考后面建立宏对象的详细讲解。）

②"进货信息查询"子窗体。新建窗体对象,打开窗体设计视图,分别添加三个命令按钮,如图 4-30 所示。

各按钮的具体功能设置如下：
- "进货商品统计"按钮：调用已创建的"进货信息查询"生成表查询。
- "进货信息浏览"按钮：调用已创建的"进货产品信息"报表。
- "关闭窗体"按钮：关闭当前窗体。

图4-29 "产品销售利润"子窗体

图4-30 "进货信息查询"子窗体

这三个命令按钮的添加方法参考本章"案例1"中"员工工资统计管理"主窗体添加命令按钮的方法。

③"产品销售信息管理"主窗体。该窗体是系统启动时自动进入的主界面,包含"产品销售利润"、"进货信息查询"和"退出系统"三个命令按钮,用户可以根据需要进行选择操作,创建方法参考本章"案例1"中"员工工资统计管理"主窗体的设计过程,结果如图4-31所示。

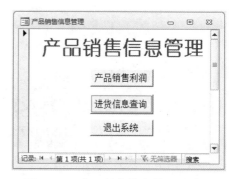

图4-31 "产品销售信息管理"窗体

各按钮的具体功能设置如下:

- "产品销售利润"按钮:调用已创建的"产品销售利润"子窗体。
- "进货信息查询"按钮:调用已创建的"进货信息查询"子窗体。
- "退出系统"按钮:退出当前应用程序。

(6)建立宏对象。本案例包含两个宏对象:"Autoexec"和"显示产品名称"。

①"Autoexec"宏对象。该宏对象实现了系统启动时"产品销售信息管理"主窗体的自动运行,具体创建方法参考本章"案例1"中"Autoexec"宏对象的创建方法。

②"显示产品名称"宏对象。该宏对象的功能是在"产品销售利润"子窗体中,单击"显示产品名称"按钮时可显示出当前记录的"产品名称"。创建方法如下:

a. 新建宏对象,单击"创建"选项卡 | "宏与代码"组 | "宏",在宏设计窗口中的"添加新操作"下拉列表中选择"MessageBox"命令(即"弹出消息对话框"命令),在"消息"文本框中输入参数"=DLookUp("产品名称"," 产品表"," 产品 ID='" & [Forms]![产品销售利润]![产品 ID] & "'")"(提示:DlookUp 函数为查询函数,用来查询数据表中指定字段的相关信息),其他参数设置参照图 4-32,最后以"显示产品名称"命名并保存宏对象。

图4-32 "显示产品名称"宏对象参数设置

　　b．打开"产品销售利润"子窗体设计视图，添加"显示产品名称"命令按钮，功能设置如图 4-33 所示。

图4-33　"显示产品名称"命令按钮功能设置

第5章

计算机网络应用

案例1 用户账户管理

案例描述

Windows 系统内置了用户账户控制功能，它是微软为提高系统安全而引入的一组基础结构技术。通过用户账户控制可以有效防范电脑遭受威胁，从而最大程度保证系统的安全。不同的用户账户拥有不同的名称、密码和权限以控制其在本机和网络上的访问权利，并且可以有自己的个性化设置，如桌面背景、图标显示、窗体样式和字体样式等，相互之间不会产生影响。用户账户管理主要包括创建用户、设置或重置密码、用户重命名、用户删除、启用或禁用等功能。

案例分析

本案例需要完成以下任务：

（1）创建新用户，设置用户名和密码。

（2）设置新用户权限。新用户设置成功后默认处于 User 用户组中。用户组是系统内置的用户的集合，组内的用户通常自动具有相同的权限和级别。常见的用户组有以下几种：

① Administrators：此组内用户具有系统管理员权限。

② Backup Operators：此组内用户具有备份和还原的权限。

③ Network Configuration Operators：此组内用户具有管理网络功能的权限。

④ Users：标准用户组，也是新用户的默认组。

新用户创建成功后，一般需要对其访问权限进行设置。本章介绍如何限制标准账户的本地权限（如安装软件的权限）和网络访问权限。

过程提示

1. 创建新用户

（1）在桌面上右击"计算机"图标，在弹出的如图 5-1 所示的快捷菜单中单击"管理"

命令，弹出"计算机管理"窗口。

图5-1 "计算机"右键快捷菜单

（2）参照图 5-2 在"计算机管理"窗口左侧窗格中单击"系统工具"|"本地用户和组"|"用户"，中间窗格中会出现用户列表。

图5-2 "计算机管理"窗口

（3）在用户列表窗格的空白处右击，在弹出的如图 5-3 所示的快捷菜单中单击"新用户"命令。

（4）参照图 5-4 在弹出的"新用户"对话框中设置用户名、全名和描述，并为新用户设置密码。单击"创建"按钮，新用户即创建成功。

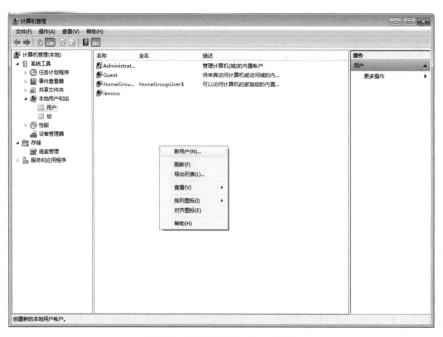

图5-3 "创建新用户"菜单

（5）完成操作后，在图 5-2 所示的用户列表中将看到新用户 NU。用户可以在 Windows 登录界面通过用户切换，登录到新用户 NU 中完成个性化设置或其他操作。

2. 新用户权限设置

（1）新用户默认处于 Users 组。Users 组用户具有较高的权限，如添加和删除软件的权限。下面介绍如何限制标准账户安装软件的权限。按【Windows+R】组合键，弹出"运行"对话框，参照图 5-5 在对话框中输入命令"secpol.msc"，单击"确定"按钮后弹出"本地安全策略"窗口。

图5-4 "新用户"对话框

图5-5 "运行"对话框

（2）参照图 5-6 在"本地安全策略"窗口左侧（控制台）窗格中单击"安全设置"|"本地策略"|"安全选项"，在右侧"策略"窗格中双击"用户账户控制：检测应用程序安装并

提示提升"命令，弹出"用户账户控制：检测应用程序安装并提示提升 属性"对话框。

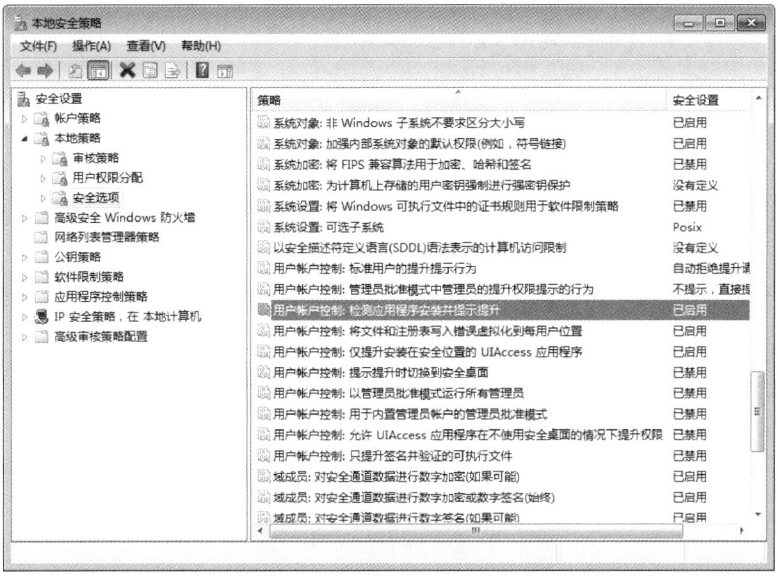

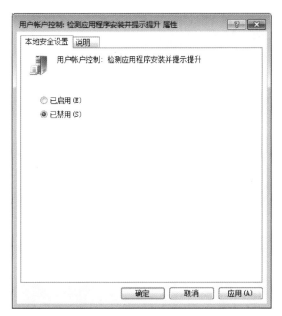

图5-6　"本地安全策略"窗口

（3）参照图 5-7 在对话框中选择"本地安全设置"选项卡，选择"已禁用"单选项，单击"确定"按钮完成设置。

图5-7　"用户账户控制：检测应用程序安装并提示提升 属性"对话框

（4）同理，继续对账户的网络访问权限进行设置。参照图 5-8，在"本地安全策略"窗口左侧（控制台）窗格中单击"安全设置"|"本地策略"|"安全选项"，在右侧"策略"窗格中双击"网络访问：本地账户的共享和安全模型"命令，弹出"网络访问：本地账户的共

享和安全模型 属性"对话框。

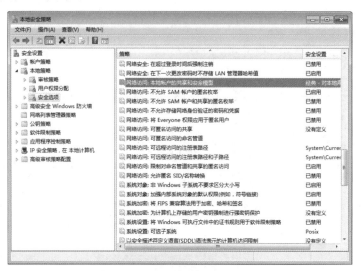

图5-8 "本地安全策略"窗口

（5）参照图 5-9 在对话框中选择"本地安全设置"选项卡，在下拉列表中选择"仅来宾 -对本地用户进行身份验证，其身份为来宾"选项，单击"确定"按钮完成设置。

图5-9 "网络访问：本地账户的共享和安全模型 属性"对话框

案例2 搭建FTP服务器

 案例描述

FTP（英文全称为 File Transfer Protocol）顾名思义，就是专门用来传输文件的协议。简

单地说，FTP 服务器就是一台支持 FTP 协议并且能够为其他计算机提供下载服务的计算机。无论是局域网用户还是 Internet 用户，通过 FTP 协议都可以在任何两台计算机之间传送文件。FTP 服务器主要提供文件下载服务，例如共享软件、技术支持文件等。一般各大高校都有很多的 FTP 服务器。用户在校园网内只需要输入"ftp://+ 服务器 IP 地址"，就可以进行访问、下载。搭建一个简易的 FTP 服务器是十分简单的，通过 Windows 系统中的 IIS（英文全称为Internet Information Services，互联网信息服务）设置就可以实现。

案例分析

本案例需要完成以下任务：
（1）配置 FTP 服务和 IIS 管理服务。
（2）添加 FTP 站点。
（3）测试浏览。

过程提示

1. 配置FTP服务和IIS管理服务

（1）打开"控制面板"窗口，查看方式选择"类别"，如图 5-10 所示。在"控制面板"窗口中找到"程序"选项，单击打开"程序"窗口。

图5-10 "控制面板"窗口

（2）参照图 5-11 在"程序"窗口中单击"程序和功能"|"打开或关闭 windows 功能"。

图5-11 "程序"窗口

（3）参照图 5-12 在弹出的"Windows 功能"对话框中展开"Internet 信息服务"选项，选中"FTP 服务"、"FTP 扩展性"和"IIS 管理控制台"复选项，单击"确定"按钮。

图5-12 "Windows功能"对话框

2. 添加FTP站点

（1）在键盘上按【Windows+R】组合键，弹出"运行"对话框，输入命令"inetmgr"，单击"确定"按钮后弹出"Internet 信息服务（IIS）管理器"窗口，如图 5-13 所示。

图5-13　"Internet信息服务（IIS）管理器"窗口

（2）参照图5-14在"Internet信息服务（IIS）管理器"窗口左侧"连接"窗格中选择"网站"并右击，在弹出的快捷菜单中单击"添加FTP站点"命令。

图5-14　"添加FTP站点"命令

（3）参照图5-15在"添加FTP站点"对话框中设置站点信息，填写站点名称，设置共享文件夹所在的物理路径。

图5-15 "添加FTP站点"对话框

（4）设置完成后单击"下一步"按钮，参照图 5-16 设置"绑定"和"SSL"。IP 地址即为服务器的 IP 地址，该地址可以通过网络属性来查看并获取。端口"21"为默认设置，一般无需更改。

图5-16 "绑定和SSL设置"对话框

（5）设置完成后单击"下一步"按钮，参照图 5-17 设置"身份验证和授权信息"。

图5-17 "身份验证和授权信息"对话框

（6）设置完成后参照图 5-18 在"Internet 信息服务（IIS）管理器"窗口左侧"连接"窗格的"网站"下方，可以看到设置成功的 FTP 站点。

图5-18 设置的新站点SS_FTP

3．测试浏览

（1）在浏览器地址栏中输入"ftp://+ 服务器 IP 地址"进行测试，在网页页面中可以看到 FTP 服务器共享的内容，如图 5-19 所示。在网页中单击要下载的文件并输入用户名和密码即可下载。

图5-19　FTP浏览器页面

（2）用户也可以在文件资源管理器中输入"**ftp://+ 服务器 IP 地址**"，此时 FTP 服务器中共享的文件将以文件夹的形式显示，如图 5-20 所示。

图5-20　FTP资源管理器页面

第 **6** 章

多媒体技术应用

案例1 文件的格式转换

案例描述

随着计算机网络技术的飞速发展，网络素材的格式越来越多样化。对素材格式进行转换可以满足用户在多媒体制作中的更多需要。目前市面上的格式转换软件主要包括对图片、文档以及音视频文件的格式转换。本案例以格式工厂软件为例，将文档文件和视频文件转换为用户所需要的格式文件。

案例分析

本案例需要完成以下任务：

（1）将"文档"文件夹中的"样例1.pdf"文件转换为 Word 文件。

（2）将"视频"文件夹中的"样例2.wmv"文件去除文字水印，并转换为 MP4（DIVX 720p）格式文件。

过程提示

1. PDF文件转换为Word文件

（1）启动格式工厂软件，打开图6-1所示的工作界面。左侧项目列表中列出了格式转换所支持的文件类型，包括视频、音频、图片、文档、光驱设备以及工具集。

（2）单击工具栏上的"选项"按钮，弹出"选项"对话框，如图6-2所示。单击"改变"按钮，弹出"浏览文件夹"对话框，设置输出文件夹的存储

图6-1　格式工厂工作界面

位置。本案例设置"文档"文件夹为输出文件存储位置，如图6-3所示。

图6-2 "选项"对话框　　　　　　　　　　图6-3 "浏览文件夹"对话框

（3）单击图6-1所示窗口左侧项目列表中的"文档"|"PDF->Doc"选项，弹出"PDF->Doc"对话框。单击对话框右侧"添加文件"按钮，将"文档"文件夹中的"样例1.pdf"文件添加至下方任务列表中，如图6-4所示。

图6-4 "PDF->Doc"对话框

（4）单击"确定"按钮，返回工作界面，在右侧任务列表中查看添加的转换任务。单击工具栏上的"开始"按钮进行格式转换，当"输出/转换状态"显示"完成"表示格式转换完毕，即可在"文档"文件夹中查看结果文件"样例1.doc"。

2. WMV文件去除水印后转换为MP4（DIVX 720p）文件

（1）启动格式工厂软件，打开工作界面。本案例设置"视频"文件夹为输出文件存储位置。

（2）单击左侧项目列表中的"视频"|"去水印"选项，弹出"输出文件"对话框，本案例选择默认选项"MP4"，单击"确定"按钮，在"打开"对话框中选择"视频"文件夹中的"样例2.wmv"，参照图6-5调整对话框中的红色去除水印文本框，使其大小和位置覆盖住视频右下角的文字水印，单击"确定"按钮。

（3）在弹出的"->MP4"对话框中，单击"输出配置"按钮，参照图6-6在"视频设置"对话框的"预设配置"下拉列表中选择"DIVX 720p"，单击"确定"按钮返回至"->MP4"对话框。

图6-5　去除水印对话框

图6-6　"视频设置"对话框

（4）再次单击"确定"按钮，返回至工作界面，在右侧任务列表中查看添加的转换任务，单击工具栏上的"开始"按钮进行格式转换，当"输出 / 转换状态"显示"完成"表示格式转换完毕，即可在"视频"文件夹中查看结果文件"样例 2.MP4"。

提示

　　格式工厂的功能比较强大，不但能够对各类文件格式进行转换，还具有视频合并、音频合并、音视频混流、屏幕录像等功能，此处不再一一举例。

案例2　会声会影软件基本应用

案例描述

　　本案例通过使用会声会影软件来完成简单片头的制作，片头制作效果如图 6-7 所示。

案例分析

　　本案例通过对多种素材进行编辑和设计，达到最终的视觉效果，需要完成以下任务：

（1）Flash 素材的应用。
（2）图片素材的设计。
（3）文字标题的编辑。
（4）音乐文件的编辑。

图6-7　片头展示效果

过程提示

　　会声会影软件的编辑界面由步骤面板、菜单栏、预览窗口、导览面板、工具栏、项目时间轴、素材库面板、素材库、选项按钮等组成，如图 6-8 所示。

图6-8 会声会影软件的编辑界面

（1）导入 Flash 文件素材并编辑。

① 启动会声会影软件，单击"素材库面板"中的"图形"按钮（　），在"图库"列表中选择"Flash 动画"，切换至"Flash 动画"素材库，单击"新增"按钮（　），打开素材文件夹中"flash3183.swf"的文件，返回至"Flash 动画"素材库，可以看到选中的 Flash 动画素材已经添加到素材库中，如图 6-9 所示。

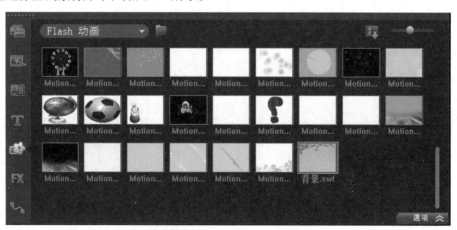

图6-9 "Flash动画"素材库

② 将"flash3183.swf"素材拖至视频轨（　）上，单击右侧"选项"按钮（ 选项 ），展开图 6-10 所示的"视频"选项面板，单击"变速"按钮，弹出"变速"参数设置对话框，参照图 6-11 修改视频"速度"为"52"，单击"确定"按钮。

图6-10　"视频"选项面板

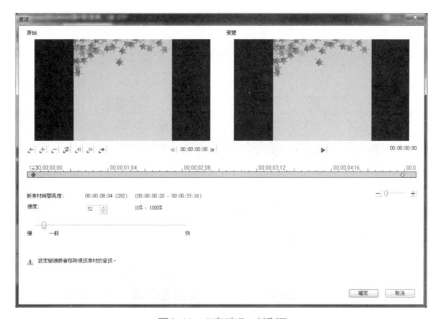

图6-11　"变速"对话框

③ 在视频轨上将编辑完毕的 Flash 素材复制 3 次，如图 6-12 所示。

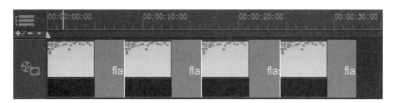

图6-12　复制后的视频轨的Flash素材

（2）导入图片素材并设计动画效果。

① 在覆叠轨（ ）空白处右击，弹出快捷菜单，参照图 6-13 选择"插入相片"命令，将素材文件夹中的"家 .png"文件添加至覆叠轨上，在"预览窗口"中适当调整图片的大小和位置。鼠标指向覆叠轨上图片的右边界，拖动鼠标将其出现时间延长至与视频轨一致，如图 6-14 所示。

图6-13　导入图片素材

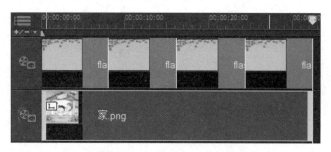

图6-14　覆叠轨图片素材

② 单击"素材库面板"中的"滤镜"按钮（ FX ），参照图 6-15 在右侧"滤镜"素材库中将项目名称为"自动素描"的滤镜项目拖至覆叠轨的图片文件上，通过"预览窗口"查看播放效果。

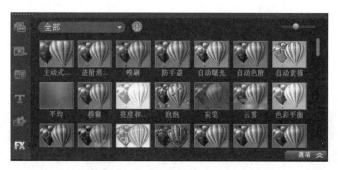

图6-15　"滤镜"素材库

（3）文字标题的编辑。

单击"素材库面板"中的"标题"按钮（ T ），展开图 6-16 所示的"标题"素材库，选择一个标题项目，将其拖至标题轨（ T ）上（本案例使用的项目名称为 LOREM IPSUM/DOLOR SIT AMET）。双击该项目，在"预览窗口"中修改标题内容为"我爱我的家"，在右侧"编辑"选项面板中参照图 6-17 设置标题文字的时间长度为 8 秒，将文字方向变更为垂直，参照片头展示效果适当调整标题文字的字号、颜色以及位置。参照图 6-18 调整标题轨上文字的结束时间与 Flash 动画的结束时间一致。

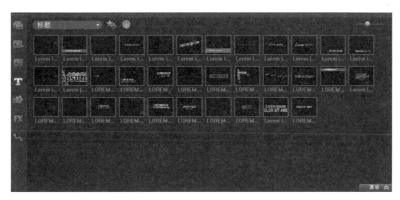

图6-16　"标题"素材库

图6-17　"编辑"选项面板

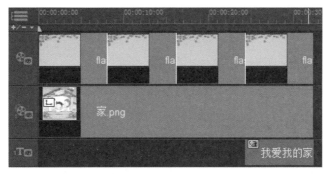

图6-18　调整标题文字结束时间

（4）音乐文件的编辑。

① 在音乐轨（■■）上右击，弹出快捷菜单，选择"插入音频"|"至音乐轨#1…"命令，打开素材文件夹中的"音乐.MP3"文件，在"导览面板"中参照图6-19设置时间为"00:00:32:15"，单击"标记结束时间"按钮（■），将从该时间之后的音乐裁剪掉。

图6-19　导览面板

②在音乐轨的音频文件上右击，弹出快捷菜单，选择"淡出"命令，将音乐文件设置为"淡出"效果，如图6-20所示。

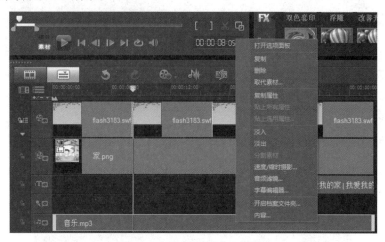

图6-20　设置"淡出"效果

（5）完成以上四步操作后，参照图6-21单击"步骤面板"上的"分享"，用户即可通过"预览窗口"观看制作效果。通过"输出"选项面板中的"创建视频文件"命令，可根据需要选择导出的视频文件类型。

图6-21　分享结果文件

第  章

协同办公系统应用

协同办公系统是利用网络、计算机等信息技术，提供多人沟通、共享、协同办公的软件，其主要功能包括个人事务、信息中心、流程管理、知识管理、人事管理、行政管理、即时沟通、移动办公等多个方面。它将应用范围扩展到企业具体业务中，从面到点实现精确管理，并可以利用系统自带的开发工具，灵活定制各种扩展业务管理模块，重新组合业务流程。在企业不断发展壮大的过程中，协同办公系统可以为企业的信息化管理保驾护航，帮助企业健康发展。"协同办公系统"界面如图 7-1 所示。

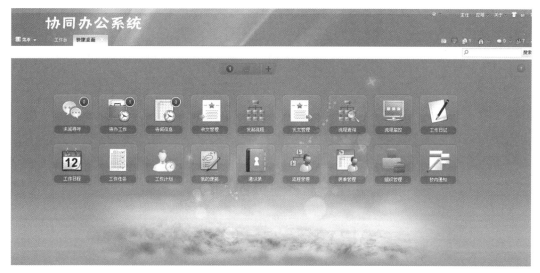

图7-1 "协同办公系统"界面

案例1 员工请假流程管理

案例描述

流程管理是协同办公系统的核心功能之一。通过提供可视化的流程设计工具，使企业能够根据业务来灵活地定制适合自己业务的流程，将流程管理与协同办公整合，使办公人员不

仅可以通过流程管理完成各项事务的审批办理工作，还可以随时获知流程的办理情况、催办或撤销流程、发起新的流程，并且能够在流程办理的同时与其他用户进行即时通信、派发工作任务、委托工作权限等，从而提高企业办公效率。

下面以实例介绍员工请假流程管理。员工请假流程图如图 7-2 所示。

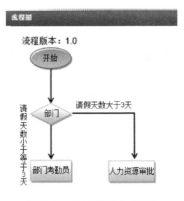

图7-2 员工请假流程图

案例分析

在公司的日常运营管理过程中，采用传统的人工方式处理工作任务经常会遇到类似问题：为了签署一份文件而在各个部门奔波，并且经常由于负责人不在而造成工作的延误；工作流程相关资料不能进行有效和统一的管理；等等。如果将各种流程电子化，突破各种边界，进行跨部门的即时沟通，将会构造协作的办公环境，从而解决上述问题。

本案例介绍某科技公司销售部的员工请假流程管理，要求在请假的审批流程中熟悉协同办公系统中流程的处理步骤，了解审批流程中的常用功能。

过程提示

1. 员工请假申请流程

（1）请假员工登录协同办公系统发起一个请假流程后，会出现请假申请单。请假申请单中的员工基本信息会自动显示，首先选择"请假类型"，然后填写完整"请假原因"和"请假时间"，如图 7-3 所示。

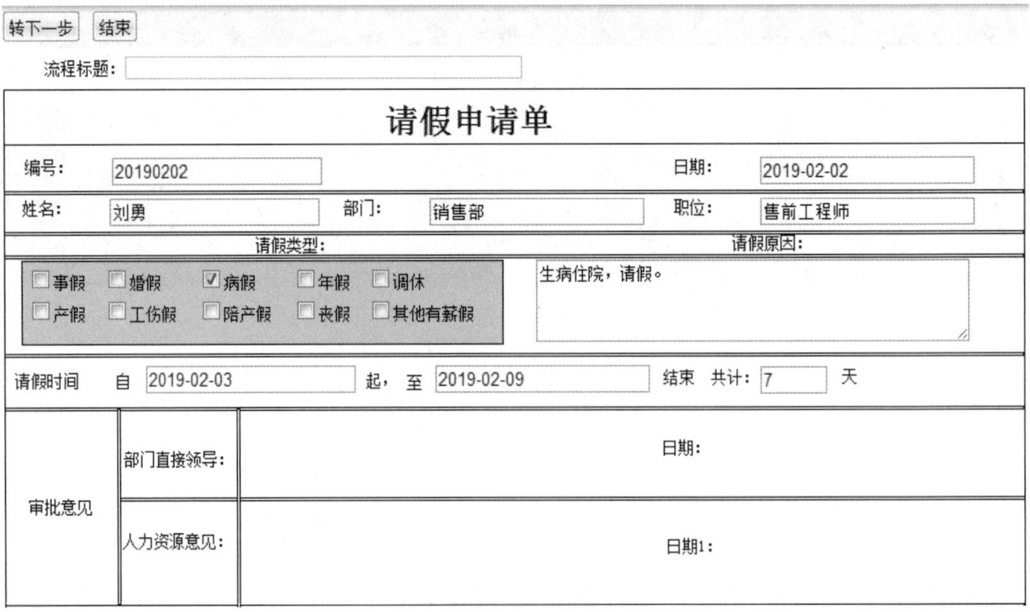

转下一步	结束

流程标题：_____

请假申请单

编号：	20190202			日期：	2019-02-02
姓名：	刘勇	部门：	销售部	职位：	售前工程师

请假类型：	请假原因：
□事假 □婚假 ☑病假 □年假 □调休 □产假 □工伤假 □陪产假 □丧假 □其他有薪假	生病住院，请假。

请假时间	自 2019-02-03 起，至 2019-02-09 结束 共计： 7 天

审批意见	部门直接领导：	日期：
	人力资源意见：	日期1：

图7-3 请假申请单

（2）单击"转下一步"按钮，根据流程设置，会自动转发给下一步处理人（通常是请假人所在部门负责人），弹出如图7-4所示"请选择"对话框。选中"寻呼提醒"复选项，下一步处理人就会在协同办公系统中收到该流程的未处理提醒。单击"确定"按钮，流程会转给下一步处理人，等待处理。

图7-4 "请选择"对话框

2. 部门负责人审批请假流程

（1）请假员工所在部门负责人登录协同办公系统后，在"待办工作"页面查看到待办的请假流程，如图7-5所示。单击工作名称，打开"请示审批"页面，选择或填写办理意见，如图7-6所示。

图7-5 "待办工作"页面

（2）单击"转下一步"按钮，根据流程设置，会自动转发给下一步处理人（通常为人力资源部门负责人），弹出下一步对话框。选中"寻呼提醒"复选项，下一步处理人会在协同办公系统中收到该流程的未处理提醒。单击"确定"按钮，流程会转给下一步处理人，等待处理。

图7-6 "请示审批"页面1

3. 人力资源部负责人审批请假流程

（1）人力资源部负责人登录协同办公系统后，在"待办工作"页面中可查看待办的请假流程。单击工作名称，打开"请示审批"页面，如图 7-7 所示，选择或填写办理意见。

图7-7 "请示审批"页面2

（2）单击"结束"按钮，弹出图 7-8 所示的对话框。选中"寻呼通知"或"短信通知"复选项，将填写的通知内容发送给指定接收人。单击"确定"按钮，流程结束。

图7-8 "流程结束"对话框

（3）在我的流程中单击"流程监控"选项，打开"流程监控"页面，可以查看流程完成状态等信息，如图7-9所示。

图7-9　"流程监控"页面

案例2　移动客户端收发寻呼

案例描述

随着经济全球化竞争越来越激烈，市场环境瞬息万变，要求企业能够快速响应市场的变化，加上移动技术标准在中国的推广和应用，企业移动办公的需求应运而生。协同办公系统的移动客户端，可以提供公文流程审批、休假及外出流程审批、待阅信息查看、网络寻呼收发、日记管理、日程设置、任务管理等功能，很好地实现了企业对信息变化的快速响应。

下面以实例介绍移动客户端收发寻呼的应用。移动客户端登录界面如图7-10所示。

图7-10　移动客户端登录界面

案例分析

沟通是一个企业团队力量能得以发挥的最根本基础。网络寻呼可以发送即时消息、传送文档、发送手机短信，以及查看消息接收方查阅信息的时间，极大地提高了企业沟通效率，降低了企业沟通成本。通过网络寻呼，员工可以清楚地了解所发布信息的浏览人、浏览时间，不需通过电话进行确认。

本案例介绍应用协同办公系统的移动客户端进行收发网络寻呼的基本过程。

过程提示

1. 移动客户端发送网络寻呼

（1）在移动客户端登录界面，分别输入用户名和密码，点击"登录"按钮，进入移动版办公系统的首页，如图7-11所示。

（2）在移动版办公系统的首页，点击"发寻呼"按钮，出现"寻呼发布"页面，如图7-12

所示。在"寻呼发布"页面，点击"+"按钮，出现"人员选择"页面，如图 7-13 所示。

图7-11　移动版办公系统首页

图7-12　"寻呼发布"页面

图7-13　"人员选择"页面

（3）选择接收人，点击"确定"按钮，返回至"寻呼发布"页面，然后点击"输入寻呼内容"区域，开始输入寻呼内容，如图 7-14 所示。输入完毕，点击"发送"按钮，寻呼发送完毕。

2．移动客户端接收网络寻呼

在移动客户端登录界面，分别输入接收人的用户名和密码，点击"登录"按钮进入接收人移动版办公系统的首页，如图 7-15 所示。点击"未阅寻呼"区域，出现图 7-16 所示的"寻呼内容"页面，可以进行查阅、转发、回复等操作。

图7-14　输入寻呼内容

图7-15　接收人移动版办公系统首页　　图7-16　"寻呼内容"页面

第二部分
办公自动化硬件应用

第 **8** 章

微型计算机组装与操作系统安装

8.1 计算机硬件系统的基本组成

计算机硬件系统由运算器、控制器、存储器、输入设备和输出设备五大部件组成。

1. 微处理器

在微型计算机中，运算器和控制器被制作在同一块半导体芯片上，称为微处理器，又称为中央处理单元（Central Processing Unit，CPU），如图 8-1 所示。CPU 是计算机硬件系统的核心，其主要功能是按照程序给出的指令序列来分析指令、执行指令，完成对数据的加工处理。计算机执行的所有操作都受 CPU 的管理和控制，CPU 决定了计算机的性能和速度。

图8-1 微处理器

最早的微处理器是单核的，后来又相继推出了双核、4 核、6 核、8 核、10 核、12 核等多核处理器。所谓多核处理器是基于单个半导体的一个处理器上拥有多个一样功能的处理器核心。目前，以 Intel 和 AMD 公司为代表推出的处理器多核技术，推动了处理器多核化的进一步发展。其中，Intel 公司推出的产品有：酷睿 i9-9900KF 8 核 CPU、主频 3.6GHz，酷睿 i7-9700KF 8 核 CPU、主频 3.6GHz，酷睿 i5-9600KF 6 核 CPU、主频 3.7GHz，酷睿 i3-9100F 4 核 CPU、主频 3.6GHz；AMD 公司推出的产品有：AMD 锐龙 Threadripper 2990WX 32 核 CPU、主频 3.0GHz，AMD R9 3900X 12 核 CPU、主频 3.8GHz，AMD R7 3800X 8 核 CPU、主频 3.9GHz，AMD R5 3600X 6 核 CPU、主频 3.8GHz 等。

2. 存储器

存储器是计算机用来存放程序和数据的记忆装置，其基本功能是存储二进制形式的各种信息。存储器分为内存储器（简称内存，也称主存）和外存储器（简称外存，也称辅存）。

（1）内存储器主要由只读存储器（Read Only Memory，ROM）和随机存储器（Random Access Memory，RAM）构成，用来存放当前运行的程序和数据，其存储容量小，存取速度快，可以直接与 CPU 交换信息。

① 只读存储器（ROM）。ROM 是一种内容只能读出而不能修改的存储器。其存储的信息在制作该存储器时就已被写入。计算机断电后，保存在 ROM 中的信息不会丢失。

② 随机存储器（RAM）。RAM 也称为可读可写存储器，关闭电源后，保存在 RAM 中的信息将全部丢失。RAM 一般包括两类：

- SRAM（Static RAM，静态随机存储器）：SRAM运行速度快。CPU内部的一级缓存（L1 Cache）、二级缓存（L2 Cache）一般采用这种存储器。SRAM造价高，存储容量小。

- DRAM（Dynamic RAM，动态随机存储器）：DRAM是用于计算机系统主内存的RAM，被制造成内存条。它比SRAM工作速度慢，但造价比SRAM低，存储容量更大。

（2）外存储器用来存放暂时不用的程序和数据，其存储容量大，存取速度慢，不能直接与 CPU 交换信息。外存储器中的信息必须先被调入内存中，才能被 CPU 访问。常用的外存有：

① 硬盘，是计算机主要的存储媒介之一，一般分为固态硬盘（Solid State Drive，SSD）、机械硬盘（Hard Disk Drive，HDD）和混合硬盘（Hybrid Hard Drive，HHD）。固态硬盘采用闪存颗粒来存储数据；机械硬盘采用磁性碟片来存储数据；混合硬盘是把传统磁性硬盘和闪存集成到一起的一种硬盘。

固态硬盘相对于机械硬盘而言，具有传输速度快、抗震能力强、功耗低、重量轻、体积小、无噪声等优点，同时也具有价格昂贵、容量较小、寿命短等缺点。

② 光盘，主要利用激光原理存储和读取信息，一般分为只读光盘、一次性写入光盘和可擦写光盘，如图 8-2 所示。

③ 可移动外存储器，主要包括 U 盘和移动硬盘。

图8-2　光盘

- U盘：通过USB接口与主机相连，是一种可读写的半导体存储器，可擦写次数在100万次以上。目前常见的U盘存储容量一般在8GB~1TB之间。它体积小、容量大、存储数据可靠、即插即用、并且携带方便，如图8-3所示。

- 移动硬盘：通过计算机外设标准接口与主机相连，是一种便携式的大容量存储系统。目前常见的移动硬盘存储容量一般在500GB ~ 2TB之间，它具有容量大、速度快、兼容性好、即插即用等优点，十分方便，如图8-4所示。

图8-3　U盘

图8-4　移动硬盘

3. 输入设备

输入设备是外界向计算机传送信息的装置。其基本功能是将信息用各种方法传入计算机，并将用户输入的原始数据和程序转换成计算机可以识别的二进制代码存入内存。在计算机中，最常用的输入设备有键盘、鼠标、触摸屏、扫描仪、数码照相机等。

（1）键盘。键盘是计算机最基本的输入设备，如图 8-5 所示。键盘将按键的位置信息转换为对应的数字编码送入计算机主机。用户通过键盘键入指令实现对计算机的控制。目前微型计算机配置的标准键盘多为 104 个按键。

（2）鼠标。鼠标是一种常用的输入设备，如图 8-6 所示。它与显示器相配合，可以让用户方便、准确地移动显示器的光标，并通过单击或者双击来选取光标所指的内容。目前广泛应用的是光电式鼠标。

图8-5　键盘

图8-6　鼠标

（3）触摸屏。触摸屏是一种新型的输入设备，是最简单、方便、自然的人机交互方式。用户只要触摸计算机显示屏上的图符或者文字就能实现对主机的操作，使人机交互更为便捷。触摸屏已经被广泛应用于银行、电信、旅游、城市街道的信息查询等领域。

（4）扫描仪。扫描仪是一种光机电一体化的高科技产品，也是应用比较广泛的输入设备，主要用于将图像、文字等各种信息输入计算机，如图 8-7 所示。

（5）数码照相机。数码照相机是一种能够进行拍摄，并通过内部处理器把拍摄到的景物转换成数字格式图像存放在存储卡中的设备，如图 8-8 所示。数码照相机使用半导体存储器来保存获取的图像，并可以将图像传输到计算机中，再利用图形图像处理软件进行后期处理。

图8-7　扫描仪

图8-8　数码照相机

4. 输出设备

输出设备是把计算机处理的数据、运算结果转换为人们所能接受形式的装置。常用的输出设备有显示器、打印机和绘图仪等。

（1）显示器。显示器是计算机的基本输出设备，它用于显示交互信息，查看文本和图形图像，显示数据命令，接受反馈信息。显示器与显示适配器（显卡）组成了显示系统。显卡把信息从计算机中取出并显示到显示器上。显示系统决定了图像输出的质量。显示器种类较多，常用的有液晶显示器（Liquid Crystal Display，LCD）和发光二极管（Light Ernitting Diode，LED）显示器，如图 8-9（a）和图 8-9（b）所示。与 LCD 相比，LED 显示器在亮度、功耗、可视角度和刷新速率等方面都更具优势。

（a）LCD

（b）LED显示器

图8-9 显示器

（2）打印机。打印机是计算机最常用的输出设备，它可以把计算机处理的结果打印输出。目前打印机多采用 USB 接口方式连接主机。常用的打印机有针式点阵打印机、喷墨打印机和激光打印机等，如图 8-10 ~图 8-12 所示。

图8-10 针式点阵打印机

图8-11 喷墨打印机

（3）绘图仪。绘图仪是一种图形输出设备。在绘图软件支持下绘制出复杂、精确的图形。常用的绘图仪有两种类型：平板型和滚筒型。平板型绘图仪的绘图纸固定在绘图板上，依靠笔架的二维运动来绘制图形；滚筒型绘图仪是靠笔架的左右移动和滚筒带动绘图纸前后滚动画出图形，如图 8-13 所示。

输入设备和输出设备统称为 I/O 外部设备。

图8-12 激光打印机

图8-13 滚筒型绘图仪

8.2 微型计算机的主要部件

微型计算机的主要标准部件有主板、内存、显卡、声卡、硬盘、刻录机、网卡和电源等。

1. 主板

主板又称主机板，它安装在机箱内，是计算机硬件系统中最大的一块电路板。主板上布满各种电子元件、插槽和接口等，如图 8-14 所示。它为 CPU、内存和各种外设的功能卡（声音、图形图像、通信、网络连接、TV 等）提供安装的插座（槽），为各种存储设备、I/O 设备、多媒体和通信设备提供接口。计算机通过主板将 CPU 和各种设备有机地结合起来，组成一个完整的系统。计算机在运行时通过主板对内存、外存和其他 I/O 设备完成操作控制。所以，计算机的整体运行速度和稳定性取决于主板的性能和质量。目前，常见的主板有 ATX（标准）、Micro ATX（紧凑型）等板型，它们之间的差异主要是尺寸、形状、扩展槽的数目以及元器件的放置位置等。

图8-14　主板

2. 内存

内存的容量与性能是衡量微型计算机整体性能的重要指标之一。内存安装在主板上的内存插槽中。目前微型计算机的内存容量一般配置为 4GB、8GB、16GB、32GB 等，如图 8-15 所示。

3. 显卡

显卡用于控制计算机的图形输出。显卡包括集成显卡和独立显卡两种。集成显卡是以附加卡的形式组装在主板的扩展槽中或者集成在主板上；独立显卡是指将显示芯片、显存及其相关电路单独做成一块独立的板卡，插在主板的扩展插槽中，如图 8-16 所示。

图8-15　内存

图8-16　独立显卡

4. 声卡

声卡是微型计算机进行声音处理的适配器。声卡也是以附加卡的形式组装在主板的扩展槽中，或者集成在主板上。

5. 硬盘

硬盘主要分为固态硬盘（SSD）、机械硬盘（HDD）、混合硬盘（HHD），目前普遍使用固态硬盘和机械硬盘。笔记本电脑的绝大多数硬盘都是固定硬盘，它被永久性地密封固定在硬盘驱动器中。目前常见固态硬盘容量为 128GB、256GB，机械硬盘容量为 500GB、1TB、2TB，混合硬盘容量为 1TB。机械硬盘和固态硬盘的外观和结构如图 8-17、图 8-18 所示。

图8-17 机械硬盘（HDD）

图8-18 固态硬盘（SSD）

6. 刻录机

刻录机是对光盘进行读写操作的设备，如图 8-19 所示。

7. 网卡

网卡又称网络适配器，是一个收发信号的设备，是把网络信号（包括调制解调器的信号）与计算机进行连接交换的元件。现在大部分主板都集成了网卡。

8. 电源

微型计算机的电源负责微型计算机内各配件能量的供给。接插到主板上的排线包含了电源输出的各路电压及控制信号。目前普遍使用的是 ATX 标准电源，如图 8-20 所示。

图8-19 刻录机

图8-20 ATX标准电源

8.3 微型计算机主板扩展接口简介

接口是外部设备与计算机主板连接的端口。图 8-21 所示为常用主板扩展接口。

（1）PS/2：该接口是主板专用的键盘和鼠标接口，是一种六针圆口插头。主板上一般有两个 PS/2 口，其中绿色的对应鼠标，紫色的对应键盘。

（2）视频输出接口：显示适配器接口。目前主板上常见的视频输出接口有 DVI、VGA 和 HDMI。DVI 传输的是数字信号，抗干扰性和传输稳定性较好；VGA 接口传输的是模拟信号；HDMI 接口则更多地用于连接高清电视，并且可以同时传输高清视频和音频信号。

（3）数字式音频输出接口：高品质无损数字式音频接口。目前主板上常见的数字式音频输出接口主要有同轴和光纤两种。

（4）USB：通用串行总线接口。USB 接口有传输速度快、使用方便、支持热插拔、连接灵活、独立供电等优点，可以连接 U 盘、鼠标、键盘、打印机、扫描仪、MP3、手机、数码照相机、摄像机、移动硬盘、ADSL Modem 等外部设备。目前主板上的 USB 接口普遍为 3.0 标准，速度较 2.0 标准提升了 10 倍。

（5）网络接口：目前绝大多数主板都集成了网络接口。

（6）音频输入 / 输出接口：传输模拟信号，在主板的音频芯片中完成编码与解码，可以直接连接耳机、音箱、麦克等设备实现音频播放和录入，无需解码器。

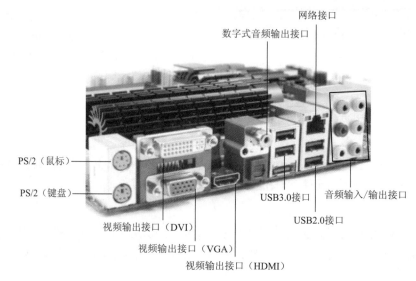

图8-21　主板常用扩展接口

8.4　微型计算机硬件组装过程

微型计算机的大多数硬件都安装在主板上，所以安装好主板往往是组装计算机的第一步。下面介绍组装微型计算机的一般步骤。

（1）将主板固定在机箱内。

（2）在主板上安装微处理器（CPU），并安装风扇。

（3）在主板上安装内存。

（4）在主板上安装独立显卡、声卡。

（5）安装硬盘驱动器。

（6）安装光盘驱动器。

（7）在主机箱上安装电源。

（8）连接主板上的电源。

（9）连接键盘、鼠标。

（10）连接显示器。

（11）连接各部件的电源插头。

（12）做开机前的最后检查。

（13）通电后进行开机检查与测试。

8.5　操作系统安装

Microsoft Windows 操作系统是微软公司研发的一套桌面操作系统，随着系统版本不断地更新升级，渐渐成为人们最常用的操作系统。目前个人计算机（Personal Computer，PC）的系统版本主要有 Windows 7、Windows 8、Windows 10 等，每一个版本的安装流程都是大同小异。本章以 Windows 7 为例来介绍操作系统的安装。

目前常用的操作系统安装方法是光盘安装法和 U 盘安装法。Windows 7 操作系统的安装程序可以通过正规渠道购买，也可以通过网上下载镜像文件刻录成安装光盘或者制作成 U 盘启动安装盘（下载制作使用的安装光盘及 U 盘启动安装盘仅供个人学习、研究之用，禁止非法传播或者用于商业用途）。

安装操作系统的一般步骤为：

（1）将准备好的安装光盘放入光驱中，或者将 U 盘启动安装盘插入计算机的 USB 接口。

（2）通过 BIOS（基本输入输出系统）设置光盘或者 U 盘为第一启动项。

（3）安装操作系统及驱动程序。

（4）开机检查与测试。

1. 设置系统启动项

通常情况下，不同计算机在开机时通常会有进入 BIOS 设置界面的不同提示，一般是长按【F1】、【F2】、【Delete】键，或者按【F12】等功能键直接进行启动项设置。本章以 BIOS F9KT47AUS 为例介绍 BIOS 的设置方法。

（1）开机后根据提示，长按【F1】键进入图 8-22 所示的 BIOS 设置界面，其顶级菜单项的中英文对照如表 8-1 所示。

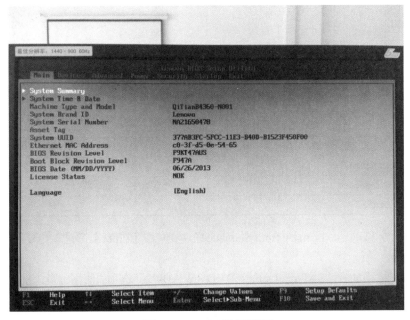

图8-22　BIOS设置界面

表8-1　BIOS设置界面顶级菜单项中英文对照

英 文 选 项	中 文 对 照
Main	主菜单设置
Devices	设备信息设置
Advanced	CPU 及芯片组设置
Power	电源管理设置
Security	安全配置
Startup	启动项设置
Exit	保存退出设置

（2）切换至图 8-23 所示的 "Startup" 选项，其各菜单项的中英文对照如表 8-2 所示。

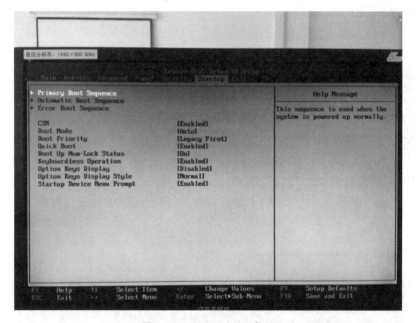

图8-23　"Startup"选项

表8-2　"Startup"菜单项中英文对照

英 文 选 项	中 文 对 照
Primary Boot Sequence	主要启动顺序
Automatic Boot Sequence	自动启动顺序
Error Boot Sequence	出错启动顺序

（3）将光标移动到 "Primary Boot Sequence" 选项，按【Enter】键进入主要启动顺序设置界面，如图 8-24 所示。

（4）将光标移动到 "SATA 3：Optiarc DVD RW AD-72" 选项，使用键盘上的【+】键或者【-】键将该项移动到第一位，设置光驱启动为第一启动；同理，若将 "USB KEY ：" 选项移动到第一位，则设置 U 盘启动为第一启动，如图 8-25 所示。

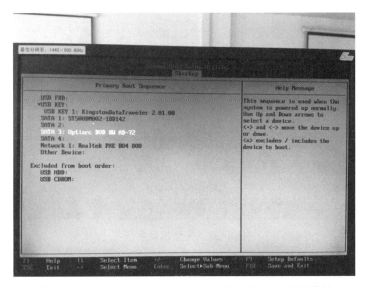

图8-24 "Primary Boot Sequence"主要启动项子菜单

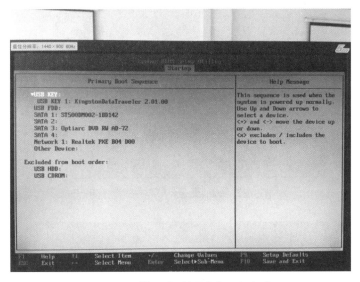

图8-25 第一启动顺序为U盘启动

（5）参数设置完毕，按【F10】键保存并退出 BIOS 设置。

2. 使用光盘安装系统

（1）进入 BIOS 设置界面，参照上诉设置系统启动项的方法，将光驱设置为第一启动。

（2）将 Windows 7 系统安装光盘放入光驱并重新启动电脑，进入光盘启动界面加载硬件信息，如图 8-26 所示。

（3）硬件信息加载完成，进入 Windows 7 系统安装界面，参照图 8-27，根据信息提示选择"要安装的语言"、"时间和货币格式"和"键盘和输入方法"，单击"下一步"按钮，进入准备安装界面，单击"现在安装"按钮，启动安装程序，如图 8-28 所示。

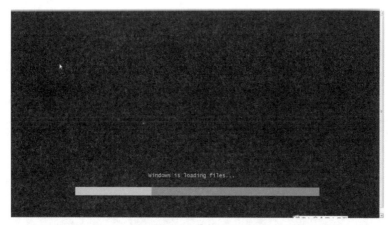

图8-26 光盘启动界面

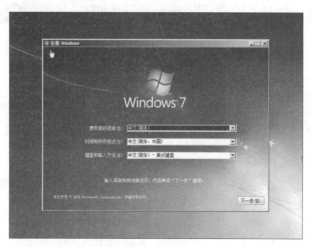

图8-27 Windows 7系统安装界面

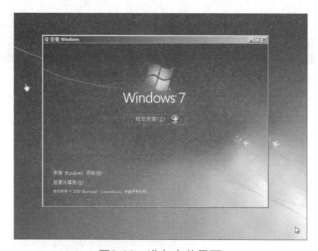

图8-28 准备安装界面

（4）稍等片刻，进入 MICROSOFT 软件许可条款界面，参照图 8-29 选择"我接受许可条款"复选项，单击"下一步"按钮。

图8-29 MICROSOFT软件许可条款界面

（5）进入选择安装类型界面，参照图 8-30 选择"自定义（高级）"类型，进入选择安装盘界面。如果磁盘没有分区，则新建系统分区 C 盘，例如：设置 C 盘大小为 35GB，单击"应用"按钮。同理，按需求对其他磁盘进行分区，并格式化磁盘。

图8-30 选择安装类型界面

（6）磁盘分区结束后，参照图 8-31 选择 35GB 的 C 盘，目的是确定系统装入 C 盘，单击"下一步"按钮，开始安装 Windows 7 操作系统。

（7）安装结束后，系统将自动重新启动，安装程序对注册表进行设置。设置完成后，系统将再次重新启动，安装程序对系统硬件配置及性能进行检查。

（8）以上过程完成后，系统将以新用户身份登录，如图 8-32 所示。用户根据需求按照登录向导提示完成系统相应设置，包括创建系统"用户名称"和"计算机名称"、为账户设置密码（本步可以跳过）、输入产品密钥并激活、设置系统的安全更新模式、调整日期和时间（一般建议不要调整，系统可以自动调整）、配置网络等。

图8-31　选择安装盘界面

图8-32　系统登录界面

（9）设置完成后，系统将呈现崭新的桌面环境，如图 8-33 所示。单击"开始"菜单 |"控制面板" |"设备管理器"，打开图 8-34 所示的"设备管理器"窗口查看设备驱动情况。如果没有红色感叹号和黄色问号，则表明驱动程序全部安装完成。

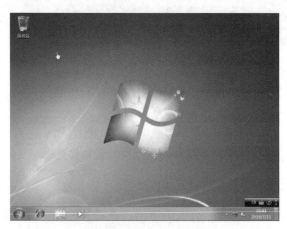

图8-33　系统桌面

图8-34 "设备管理器"窗口

Windows 7 操作系统光盘安装版的优点是系统功能比较完整，系统稳定性强，缺点是安装时间较长。

3. 使用U盘安装系统

使用 U 盘安装系统，首先要制作 U 盘系统安装盘。比较常用的 U 盘启动盘制作工具有电脑店、老毛桃、大白菜、一键 U 盘装系统工具等。本章以电脑店 U 盘启动盘制作工具 V7.5 版为例，介绍制作 U 盘系统安装盘的方法及安装系统的步骤。

（1）在官网下载并安装电脑店 U 盘启动盘制作工具 V7.5 版。启动电脑店 U 盘启动盘制作工具，插入 U 盘，当装机工具自动识别出 U 盘时，参照图 8-35 设置各项参数，单击"全新制作"按钮，开始制作 U 盘启动盘，如图 8-36 所示。

（2）下载 Windows 7 的镜像文件（文件扩展名为 GHO），将其复制到 U 盘启动盘中，U 盘系统安装盘制作完毕。

（3）进入 BIOS 设置界面，参照本节介绍的设置系统启动项方法，将 U 盘设置为第一启动。

图8-35 电脑店U盘启动盘制作工具启动界面

图8-36　制作启动U盘界面

（4）计算机重新启动后，系统将自动读取 U 盘数据，参照图 8-37 选择【1】或者【2】选项，进入 WinPE 系统。

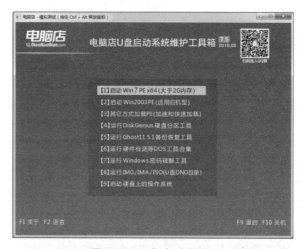

图8-37　U盘启动界面

（5）运行 WinPE 系统桌面上"电脑店一键装机"程序，选择"安装系统"操作，在"请选择映像文件"列表框中选择 U 盘中 Windows 7 的镜像文件（一般情况下会自动识别正确的镜像文件），再选择还原到"C："盘，单击"执行"按钮，如图 8-38 所示。

> **提 示**
>
> 若在安装系统前硬盘没有分区，或者想对硬盘重新分区，在进入 WinPE 系统后，运行"分区工具"程序，可以非常便捷地完成硬盘分区。

（6）弹出"程序将还原分区 C: 自 U:\Win7.gho"提示对话框，单击"是"按钮，U 盘将自动运行 Ghost 程序进行系统安装，如图 8-39 所示。

图8-38　WinPE系统环境

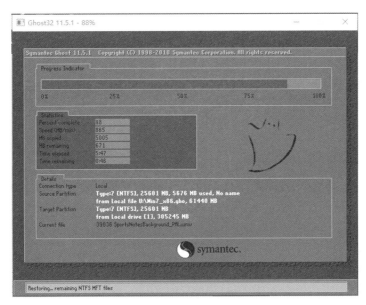

图8-39　Ghost系统安装界面

4. .GHO和.ISO文件的区别

.ISO是光盘镜像文件，需要使用相关的软件工具才能正确打开，或者将其刻录成光盘才可以正常使用或者进行系统安装。

.GHO是Ghost等软件备份硬盘所生成的文件，可以直接用Ghost等软件恢复或者打开。网上主流的.GHO系统镜像文件一般由优化版的操作系统、打包的主流驱动程序及常用的应用软件等组成。

实 践 操 作

（1）观察计算机主机箱内主板上的板卡和接口，说明其功能。

（2）熟悉计算机硬件组装的基本步骤。

（3）进入 BIOS 说明各选项功能。

（4）使用光盘安装操作系统。

（5）使用 U 盘安装操作系统。

第  章

多功能一体机

多功能一体机具有多种外部设备的功能。该设备采用了完善的集成技术，将复印、打印、扫描和传真等功能有机地集于一体，这样既节省了办公空间，又经济高效。

本章以 HP LaserJet M1536dnf 多功能一体机为例进行介绍。HP LaserJet M1536dnf 多功能一体机的各项技术指标如下：

- 64 MB随机存取内存（RAM）。
- 高速USB 2.0端口。
- 10/100 Base-T网络端口。
- 两个RJ-11传真电话线端口。
- 纸盘最多可容纳250页打印介质或10个信封。
- 优先进纸盘最多可容纳10页打印介质。
- 35页文档进纸器。
- V.34传真。
- 平板扫描仪。
- 自动双面打印。
- 打印A4尺寸的页面时，速度可达25 ppm。
- PCL5和PCL6打印机驱动程序。

9.1 多功能一体机部件简介

（1）多功能一体机正视图如图 9-1 所示，各部分名称如表 9-1 所示。

表9-1 正视图各部分名称

序　号	名　　称	序　号	名　　称
1	控制面板	5	出纸槽
2	文档进纸器进纸盘	6	优先进纸盘
3	文档进纸器出纸槽	7	主进纸盘
4	扫描仪盖板	8	电源按钮

（2）多功能一体机后视图如图 9-2 所示，各部分名称如表 9-2 所示。

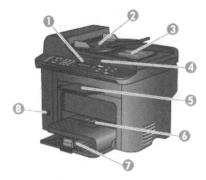

图9-1　正视图　　　　　　　　　　　　图9-2　后视图

表9-2　后视图各部分名称

序　号	名　　称	序　号	名　　称
1	安全锁孔	3	接口端口
2	后卡纸检修门	4	电源连接器

（3）多功能一体机的接口如图 9-3 所示，接口名称如表 9-3 所示。

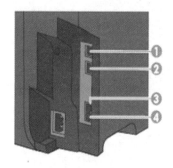

图9-3　接口

表9-3　接口名称

序　号	名　　称	序　号	名　　称
1	高速 USB 2.0 端口	3	线路传真端口
2	网络端口	4	电话传真端口

（4）多功能一体机控制面板如图 9-4 所示，各部分名称及其主要功能如表 9-4 所示。

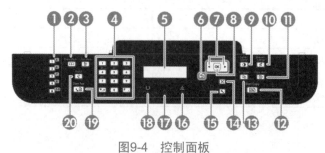

图9-4　控制面板

表9-4　常用传真控制按钮名称及其主要功能

序号	名　称	功　能
1	快速拨号按钮	将文档快速传真到常用目的地
2	电话簿按钮	访问一体机已经设置的电话薄条目
3	传真菜单按钮	打开传真设置菜单
4	字母/数字小键盘	可以在 LCD 显示屏中键入数据，也可以拨打传真电话号码
5	LCD 显示屏	导航菜单结构和监控一体机状态
6	后退按钮	返回上一级菜单，或退出菜单并返回"就绪"状态
7	箭头按钮	浏览菜单并调整参数设置
8	OK 按钮	确认设置或某项操作继续
9	调浅/加深按钮	控制副本的亮暗度
10	缩小/放大按钮	缩小放大副本尺寸
11	复印菜单按钮	打开复印设置菜单
12	开始复印按钮	开始复印作业
13	份数按钮	设置当前复印作业所需的份数
14	取消按钮	取消当前作业
15	设置按钮	打开主菜单选项
16	碳粉指示灯	指示打印碳粉盒中的碳粉量是否不足
17	注意指示灯	指示一体机是否出现问题。通过查看 LCD 显示屏了解相关消息
18	就绪指示灯	表明一体机已经准备就绪或正在处理作业
19	开始传真按钮	开始发送或接收传真作业
20	重拨按钮	重新呼叫上一个传真作业的号码

9.2　多功能一体机功能简介

多功能一体机的功能介绍如表 9-5 所示。

表9-5　多功能一体机功能介绍

功　能	解　释
打印质量优异	可以调整设置来优化打印质量； 打印碳粉盒具有更精细的碳粉配方，可以打印出更清晰的文本和图形
传真	配有 V.34 传真的全功能传真性能，包括电话簿、传真轮询和延迟传真等功能
复印	配有文档进纸器，能够让包含多页文档的复印作业更快、更有效地进行
扫描	可以从 letter/A4 尺寸的扫描仪玻璃板进行全色扫描；使用文档进纸器； 可以将文档经过扫描后变成 PDF 文件、JPG 和可编辑文本（OCR）文件
联网	TCP/IP；LPD；9100
接口连接	高速 USB 2.0 端口； 10/100 Mbit/s 以太网（RJ45）网络端口； 传真端口
经济打印	打印（在一张纸上打印多个页面）； 设置经济模式使用更少的碳粉

9.3　多功能一体机系统软件安装

从 CD-ROM 将多功能一体机软件安装在 Windows 操作系统上。

（1）将设备 CD 放入计算机光盘驱动器中。如果软件安装程序未自动启动，请浏览找到 CD 上的 hpsetup.exe 文件，然后双击该文件。

（2）按照安装程序说明进行操作。

（3）完成安装过程后，重新启动计算机。

提 示

在安装程序提示设备连接之前，请不要将 USB 电缆从一体机连接到计算机。

9.4　多功能一体机的基本操作

1. 通过扫描仪玻璃板装入文档

（1）确保文档进纸器中没有文档。

（2）提起扫描仪盖板。

（3）将原文档正面朝下，放置于玻璃板的左上角，如图 9-5 所示。

（4）轻轻合上扫描仪盖板。

图9-5　文档正确放置方法1

2. 通过文档进纸器装入文档

（1）将原文档正面朝上，文档顶端插入文档进纸器的进纸盘中，如图 9-6 所示。

（2）LCD 显示屏上显示提示信息“文档已装入”。

（3）调整介质导板，直至其紧贴纸叠，如图 9-7 所示。

（4）文档准备就绪，可以进行传真 / 复印 / 扫描。

提 示

如果扫描仪玻璃板上和文档进纸器进纸盘中均装有原件，设备将优先识别文档进纸器进纸盘中的原件。

图9-6　文档正确放置方法2

图9-7　调整介质导板

9.5　多功能一体机的维护与管理

多功能一体机的维护与管理涉及卡纸、系统初始化设置、更换打印碳粉盒等问题。

1. 清除卡纸问题

卡纸一般可能发生的位置有：文档进纸器、进纸盘、设备内部和双面打印器。

（1）清除文档进纸器中的卡纸。

在操作过程中，介质有时会在传真、复印或扫描作业时被卡住，多功能一体机的LCD显示屏上会显示提示信息"文档进纸器拾取错误，请重装"，这时我们可以按照如下操作方法清除卡纸故障：

①关闭设备，打开文档进纸器端盖，如图9-8所示。

②提起侧面的手柄，打开拾纸组件，然后轻轻地将卡纸拉出来，如图9-9所示。

图9-8　打开文档进纸器端盖

图9-9　打开拾纸组件拉出卡纸

③合上拾纸组件和文档进纸器端盖，如图9-10所示。

（2）清除进纸盘中的卡纸。

①关闭设备，打开打印碳粉盒端盖，取出打印碳粉盒，如图9-11所示。

②在主进纸盘或优先进纸槽中取出介质叠，如图9-12所示。

③用双手捏住可以看到的卡塞介质的一边（包括介质中间部分），然后小心地将其从设备中拉出，如图9-13所示。

图9-10 合上进纸器端盖

图9-11 取出碳粉盒

图9-12 取出介质叠

图9-13 拉出进纸盘卡纸

④ 重新安装打印碳粉盒，然后合上打印碳粉盒端盖，如图 9-14 所示。

（3）清除设备内的卡纸。

① 关闭设备，打开打印碳粉盒端盖，取出打印碳粉盒，如图 9-11 所示。

② 如果可以看见卡塞介质，小心捏住卡塞的纸张，慢慢将其从设备中拉出，如图 9-15 所示；如果看不见卡塞介质，按绿色压片打开卡纸检修门，小心捏住卡塞的纸张，慢慢将其从设备中拉出，如图 9-16 所示。

③ 重新安装打印碳粉盒，然后合上打印碳粉盒端盖，如图 9-14 所示。

图9-14 重新安装碳粉盒

图9-15 拉出设备内卡纸

图9-16 打开卡纸检修门

（4）清除双面打印器内的卡纸。

① 关闭设备，打开打印碳粉盒端盖，取出打印碳粉盒，如图 9-17 所示。

② 打开后卡纸检修门，如图 9-18 所示。

图9-17 取出碳粉盒

图9-18 打开后卡纸检修门

| 提 示 |

正在使用设备时，热凝器区域可能会很热，请等待热凝器冷却下来再进行操作。

③ 小心捏住卡塞的介质，慢慢将其从双面打印器内拉出，如图 9-19 所示。

④ 合上后卡纸检修门，如图 9-20 所示。

⑤ 重新安装打印碳粉盒，然后合上打印碳粉盒端盖。

图9-19 拉出打印器内卡纸

图9-20 合上后卡纸检修门

2. 多功能一体机系统恢复默认设置

恢复默认设置可以将多功能一体机的所有设置恢复为出厂默认值，同时还会清除传真标题名称、电话号码、快速拨号及存储在设备内存中的所有传真。具体操作步骤如下：

（1）在多功能一体机控制面板上，按下"设置"按钮（ ）。

（2）使用"◁"或"▷"按钮查看，选择"服务"菜单，按下"OK"按钮。

（3）使用"◁"或"▷"按钮查看，选择"恢复默认值"选项，按下"OK"按钮。

（4）多功能一体机自动重新启动，完成初始化。

3. 更换打印碳粉盒

（1）打开打印碳粉盒端盖，取出旧打印碳粉盒。

（2）从包装袋中取出新的打印碳粉盒。

（3）向外拉压片，并将胶带从打印碳粉盒中完全拉出，如图 9-21 所示。

（4）轻轻地前后摇晃打印碳粉盒，使碳粉在碳粉盒内部分布均匀，如图 9-22 所示。

（5）将打印碳粉盒装入设备中，然后合上打印碳粉盒端盖。

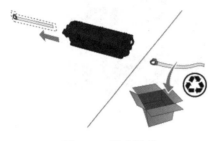

图9-21　拉出胶带

图9-22　摇匀碳粉

实 践 操 作

（1）说明多功能一体机各部件的功能和用法。

（2）将待复印 / 传真 / 扫描的原件分别正确放置在文档进纸器和扫描仪玻璃板上。

（3）将 A4 纸张分别正确放置在主进纸盘和优先进纸盘中。

（4）模拟卡纸故障，分别清除文档进纸器、进纸盘、设备内及双面打印器内的卡纸。

（5）文件打印不清晰，更换打印碳粉盒。

（6）恢复多功能一体机系统的默认设置。

考勤机

随着新技术的引进和新材料的应用，考勤设备朝着智能化、网络化、数字化方向发展。考勤机作为目前比较常用的考勤设备之一，在日常工作中已被人们熟悉和使用。

10.1　考勤机的分类

考勤机可以分为两大类，简单打印类考勤机和存储类考勤机。

1. 简单打印类考勤机

考勤记录数据通过简单打印类考勤机直接打印在卡片上，卡片上的记录时间即为原始的考勤信息。简单打印类考勤机主要分为机械式打卡机和电子式打卡机。

2. 存储类考勤机

考勤记录数据存储在存储类考勤机内，通过计算机采集汇总和软件处理，最后形成所需的考勤信息。目前存储类考勤机主要有以下几种：磁卡考勤机、IC 卡考勤机、条形码考勤机、射频卡考勤机、指纹考勤机、人脸识别考勤机等。

10.2　考勤机的工作原理

这里主要介绍现在常用的指纹考勤机、人脸识别考勤机的工作原理。

1. 指纹考勤机工作原理

指纹考勤机是利用指纹识别系统来实现指纹信息的采集录入，并与现场采集的指纹比对，最终实现考勤。指纹识别系统是通过特殊的光电转换设备和计算机图像处理技术，对指纹进行采集、分析和比对，实现准确鉴别个人身份的目的。

2. 人脸识别考勤机工作原理

人脸识别考勤机是利用人脸识别技术来实现面部信息的采集录入，并与现场采集的面部信息比对，最终实现考勤。人脸识别技术融合了计算机图像处理技术与生物统计学原理，利用计算机图像处理技术从视频中提取人像特征点，利用生物统计学的原理进行分析并建立人脸特征模板，对面部进行采集、分析和比对，实现准确鉴别个人身份的目的。

10.3 考勤机的使用方法

考勤系统包括考勤机设备与考勤管理系统。在众多用于身份验证的识别技术中，人脸识别和指纹识别技术是应用最为广泛的，也是目前最方便、可靠、性价比最高的解决方案之一。本章以得力 DL3969 考勤机为例介绍考勤机的使用方法。

考勤机的使用步骤：

- 安放好设备并给设备通电。
- 设置考勤机通信参数。
- 检查设备时间是否准确。
- 录入或导入考勤人员数据并登记指纹、人脸等信息。
- 根据需要设置考勤方式进行考勤。

1. 考勤机菜单及功能

得力 DL3969 考勤机正视图如图 10-1 所示。初始状态下，长按"菜单"键，进入考勤机主菜单，如图 10-2 所示。

图10-1 考勤机正视图

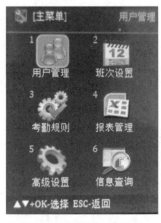

图10-2 考勤机主菜单

其中，考勤机主菜单及主要功能如表 10-1 所示。

表10-1 考勤机主菜单及主要功能

考勤机菜单	主要功能
用户管理	对部门及人员的基本信息（工作号码、指纹、人脸等信息）进行增加、编辑或删除操作
班次设置	设置班次、排班模式和需要使用到的班次，并对员工进行排班
考勤规则	设置考勤方式、考勤无效时间及迟到早退等考勤规则
报表管理	使用 U 盘下载及上传考勤报表、考勤设置报表等
高级设置	机器设置、时间设置、日常管理、通讯设置及自检功能等
信息查询	查阅员工考勤记录、管理人员操作记录、登记信息及设备信息等

2. 考勤机通讯参数设置

考勤机常用的连接方式是以太网方式，其设置方法如下：在主菜单中选择"高级设置"|"通讯设置"选项，进入通讯设置界面设置相关参数，如图 10-3 所示。

3. 考勤机用户管理

考勤机可以自动为人员分配工号，也可以手动输入或从考勤系统中导入工号。管理人员可以对用户进行增加、删除、查询、修改等操作。

（1）管理用户。

在主菜单中选择"用户管理"选项，进入用户管理界面，再根据需要选择相应选项进行设置，如图10-4所示。

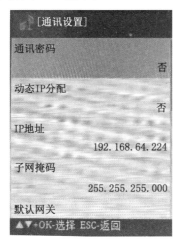

图10-3 通讯设置界面

图10-4 用户管理界面

（2）登记指纹。

在主菜单中选择"用户管理"|"登记用户"选项，进入登记用户界面，选择登记用户设置指纹，根据提示进行指纹登记，如图10-5所示。

（3）登记人脸。

在主菜单中选择"用户管理"|"登记用户"|"人脸"选项，进入人脸设置界面，根据提示进行人脸采集，提示人脸登记成功即可，如图10-6所示。

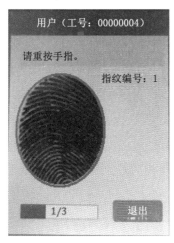

图10-5 登记指纹界面

图10-6 登记人脸成功界面

4. 设置考勤机考勤方式

在主菜单中选择"考勤规则"|"考勤确认方式"选项，进入考勤规则界面，再根据实际工作需要设置考勤方式，如图 10-7 所示。

5. 考勤机考勤

（1）指纹验证考勤。

指纹验证采用当前在指纹采集器上按压的指纹与设备中的所有指纹数据进行比对，具体操作步骤如下：

① 初始状态下使用正确的方法在采集器上按压指纹（验证者手指平压于指纹采集窗口上，指纹纹心对正窗口中心）。

② 若设备提示"验证成功"，表示验证完成。

③ 若设备提示"请重按手指"，表示验证失败，如图 10-8 所示。

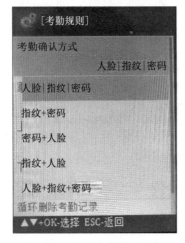

图10-7　设置考勤方式界面

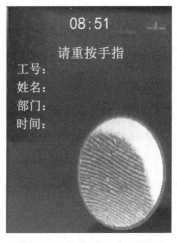

图10-8　指纹验证失败界面

（2）人脸验证考勤。

人脸验证采用摄像头采集的人脸图像与设备中的所有人脸数据进行比对，具体操作步骤如下：

① 初始状态下使用正确的方法进行人脸图像比对（验证者与设备保持约 30~80cm 距离，正对设备的中央处，保持自然的面部表情和站立姿势）。

② 若设备提示"验证成功"，表示验证完成。

③ 若设备提示"验证失败"，表示验证失败。

考勤设备在实际使用中，需要定期将考勤机与 PC 机或 U 盘相连导出设备内的用户信息和考勤数据，再将数据导入相配套的软件中处理或将用户信息导入其他考勤设备中使用。

10.4　考勤管理系统的使用方法

考勤管理系统是管理员工上下班考勤记录等相关情况的系统。广义上定义为，考勤管理系统是考勤软件与考勤硬件结合的产品，一般为人力资源（Human Resource，HR）部门使用，用于掌握并管理企业的员工出勤动态；狭义上定义为，考勤管理系统单指考勤软件管理系统。本章以得力考勤管理系统（版本 1.2.26）为例介绍其使用方法。

考勤管理系统的使用步骤：

- 安装考勤管理系统。
- 连接考勤设备。
- 编辑公司信息。
- 将人员档案上传至设备。
- 设置班次时间段。
- 设置员工排班。
- 将设备的考勤数据下载至考勤管理系统中。
- 查看考勤报表。
- 定期备份数据库。

1. 安装考勤管理系统

将安装光盘放入光驱中，安装程序会自动运行，或双击安装程序进行安装。

2. 连接考勤设备

考勤管理系统需要设置相应的连接参数并连接考勤机才能建立通讯。具体操作步骤如下：

（1）将电脑的 IP 地址与考勤机设置在同一个网段上，考勤管理系统会自动扫描可连接的考勤机。

（2）在考勤系统中选择"设备管理"选项，进入设备管理界面，在"可连的设备"列表中选择考勤设备，单击"注册"按钮，软件会进行自动连接，并将选中的设备在"已注册的设备"列表中显示，如图 10-9 所示。

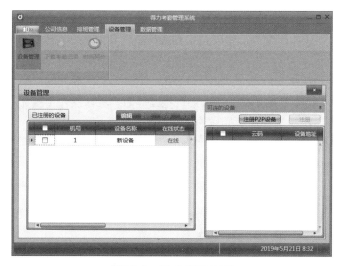

图10-9 设备管理界面

3. 编辑公司信息

单击"公司信息"选项，进入公司信息界面，可以对公司相关信息进行编辑。

（1）公司名称。

单击"公司信息"|"公司名称"选项，进入公司名称界面，单击"编辑"按钮对公司的信息进行编辑。

（2）部门管理。

单击"公司信息"|"部门管理"选项，进入部门管理界面，单击"编辑"按钮对部门的信息进行编辑。

（3）人员档案。

单击"公司信息"|"人员档案"选项，进入人员档案界面，单击"编辑"按钮对员工的信息进行编辑，如图10-10所示。

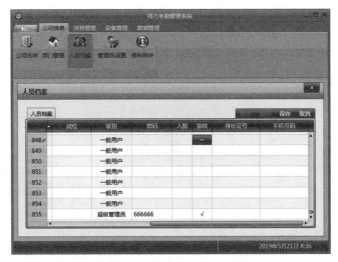

图10-10　人员档案界面

在考勤系统中，登记指纹有两种方法：

一是在考勤管理软件中预先编辑好用户基本信息，并上传到目标考勤机中，然后通过考勤机的用户注册功能完成用户的指纹信息采集。具体操作参见10.3考勤机的使用方法。

二是单击"公司信息"|"人员档案"选项，进入人员档案界面，单击"编辑"按钮激活编辑状态，单击"指纹"单元格，进入编辑指纹界面。具体操作步骤如下：

①单击"设备"按钮选择需要操作的在线设备。

②选中要注册的指纹编号，单击"注册指纹"按钮，根据系统提示完成指纹登记，如图10-11所示。

提 示

如果要删除指纹，则选中要删除的指纹编号，单击"删除指纹"按钮，完成指纹删除。

（4）管理员设置。

单击"公司信息"|"管理员设置"选项，进入管理员设置界面，单击"编辑"按钮，选择需要被设置为管理员的员工，设置完成后单击"保存"按钮。

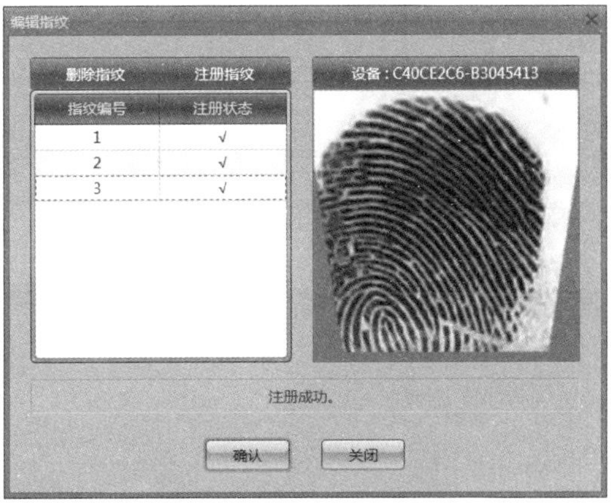

图10-11 编辑指纹界面

（5）同步资料。

单击"公司信息"|"同步资料"选项，进入同步资料界面，有"设备资料下载"和"系统资料上传"两个功能。其中，"设备资料下载"是将考勤机中的内容同步到考勤管理系统中；"系统资料上传"是将考勤管理系统中的内容同步到考勤机中。

4. 排班管理

单击"排班管理"选项，进入排班管理界面，对相关的考勤规则进行编辑。

（1）班次设置。

单击"排班管理"|"班次设置"选项，进入班次设置界面，根据实际需要，进行新增、修改和删除班次操作。

（2）人员排班。

单击"排班管理"|"人员排班"选项，进入人员排班界面。排班方式采用的是对员工进行月排班。排班前请在界面的下方选择需要排班的日期，然后开始排班。双击每个排班的单元格，单击出现的"▼"键，选择班次号，如图 10-12 所示。

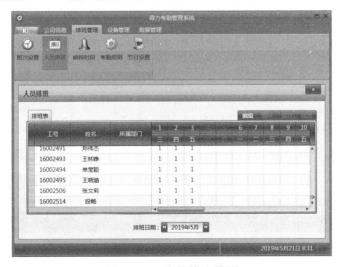

图10-12 人员排班界面

（3）响铃时段。

单击"排班管理"|"响铃时段"选项，进入响铃时段界面，对响铃时间、响铃时长和响铃日期进行编辑。

（4）考勤规则。

单击"排班管理"|"考勤规则"选项，进入考勤规则界面，对考勤规则进行编辑。

（5）节日设置。

单击"排班管理"|"节日设置"选项，进入节日设置界面，对节日信息进行新增、修改和删除，在"人员排班"中节日日期的颜色显示为红色。

5. 下载考勤记录

本考勤管理系统会定时自动从已注册的考勤机中下载考勤记录，用户也可以手动将考勤机中的考勤记录下载到系统中。具体方法如下：单击"设备管理"选项，进入设备管理界面，在"已注册的设备"中选择想要下载的设备，再单击子菜单中的"下载考勤记录"选项，根据系统提示完成下载考勤记录。

6. 数据管理

单击"数据管理"选项，进入数据管理界面，对员工考勤进行管理和查看。

（1）考勤报表管理。

单击"数据管理"|"考勤报表管理"选项，进入考勤报表管理界面，在考勤报表管理中有 3 个表格，分别为"考勤统计表"、"考勤记录表"和"考勤异常表"，每个表格均可以导出 Excel 文档。

① 考勤统计表。

在考勤统计表中，记录的是每个员工在统计日期范围内的工作时长，迟到和早退的次数，出差、旷工和请假的时长等，如图 10-13 所示。

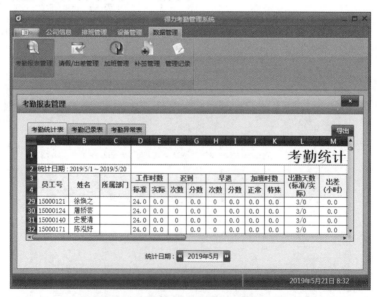

图10-13　考勤统计表界面

② 考勤记录表。

在考勤记录表中,记录的是每个员工的考勤时间点,红色代表时间异常,如图 10-14 所示。

图10-14 考勤记录表界面

③ 考勤异常表。

在考勤异常表中,工作日只要没有签到就认定为旷工,异常签到时间(包括迟到和早退)将在表中显示并自动汇总,如图 10-15 所示。

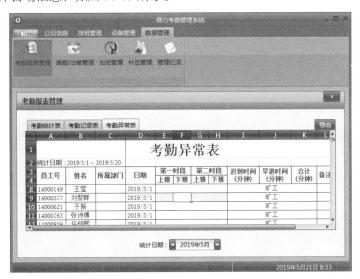

图10-15 考勤异常表界面

（2）请假/出差管理。

单击"数据管理"|"请假/出差管理"选项,进入请假/出差管理界面,在工号栏中选择想要编辑的员工号、姓名和所属部门,在"请假/出差类型"中选择请假或者出差,然后选择开始时间和结束时间,编辑完成后单击"保存"按钮,请假/出差时长将在考勤统计表

中的"出差"和"请假"栏中显示。

（3）加班管理。

单击"数据管理"|"加班管理"选项，进入加班管理界面，具体编辑方法与"请假/出差管理"类似，编辑完成后单击"保存"，加班时长将在考勤统计表中的"加班时数"栏中显示。

（4）补签管理。

单击"数据管理"|"补签管理"选项，进入补签管理界面，具体编辑方法与"请假/出差管理"类似，补签对应的时间段，在补签单元格中编辑补签的时间，编辑完成后系统会自动将补签的时间统计到考勤表中。

（5）管理记录。

单击"数据管理"|"管理记录"选项，进入管理记录界面，在管理记录表中记录的是系统管理员对系统的具体操作描述。

7. 设置考勤系统

单击考勤管理系统主界面左上角的系统菜单（▤图标），进入系统设置界面。

（1）备份数据库。

单击"备份数据库"选项，根据提示选择备份数据库文件的路径，单击"开始"按钮，备份完成后会出现提示信息。

（2）恢复数据库。

单击"恢复数据库"选项，选择之前备份的数据库文件，单击"开始"按钮，成功后即完成恢复操作。

（3）初始化系统。

单击"初始化系统"选项，系统将删除所有记录，完成初始化。

10.5 考勤机的维护

1. 考勤机的日常维护

（1）保证考勤机的使用环境，不要将其放置在阴冷、潮湿、高温的环境中。

（2）保证考勤机的清洁，做好防尘、防水、防油污工作。

（3）指纹采集器要定期清洁，不要用纸擦拭，更不要使用酒精或汽油等有机溶剂擦拭，可以使用胶布粘贴清除采集器表面的脏物。

（4）使用考勤机时不要将手指一直放在指纹采集器上，不要用力按压。

2. 考勤机的常见故障排除

（1）考勤机与电脑通讯故障。先查看网络等接口是否接好，然后查看考勤机通讯设置及设备状态等，再查看电脑软件设置及连接等。

（2）考勤机反复显示"请重按手指"。可能存在的原因有采集器表面不清洁或有划痕；指纹采集器的连线有问题；主板芯片损坏。若是第一种情况，可以清洁采集器再试；后两种情况需要与供应商联系，申请维修。

（3）有些用户指纹考勤经常无法验证通过。可以将该指纹删除再重新登记，或登记另一枚指纹，登记完成后做一下比对测试，建议多注册几枚备份指纹。

（4）考勤机接上电源后无法开机。电源线已坏或电源接头松脱，更换电源线或把电源线插紧，再进行开机；如果排除了电源线问题就应考虑是考勤机内部硬件问题，应与供应商联系，更换电源板或主板。

实 践 操 作

（1）观察考勤机面板上的各个部分，并说明其功能。

（2）登记指纹和人脸信息并作对比测试。

（3）使用正确的方法在指纹采集器上按压手指，观察显示状态。

（4）熟悉考勤管理系统考勤数据的导入和导出过程。

（5）熟悉考勤管理系统登记指纹的过程。

数码照相机

在数字化技术日新月异的今天，数码照相机（Digital Camera，DC）作为一种常见的数码影像设备，已成为获取数字图像的重要工具。由于数码照相机可以方便地与计算机相连，将所获取的数字化影像直接传送至计算机中处理，因此它已成为计算机的常用输入设备之一。

11.1　数码照相机的分类

目前数码照相机的种类大致分为专业、民用和数码机背三种。

1. 专业数码单镜头反光式照相机

专业数码单镜头反光式照相机（简称数码单反相机）是在传统单反相机的机体上加上透镜和光电转换器等相关部件组成的整体。数码单反照相机感光元件的面积远大于普通数码照相机，因此每个像素点能够表现出更加细致的亮度和色彩范围，从而拍摄出更加优质的图像。另外，数码单反照相机可以更换不同规格的镜头，实现有针对性的拍摄。目前被广泛应用于新闻摄影、各类文献或产品样本的拍摄等领域。

2. 民用数码照相机

民用数码照相机一般是外观时尚、机身小巧的数码照相机。民用数码照相机最大的优点就是携带方便，虽然它的功能没有专业照相机强大，但还是可以满足基本的曝光补偿，以及对画面进行色彩、清晰度、对比度等选项的调整。现在许多智能手机的拍照功能也可以达到民用数码照相机的标准，实现数码照相机的某些拍摄功能，携带更方便，操作更简单，并且带有照片美化功能。

3. 数码机背

数码机背是由图像传感器和数字处理系统等部分组成，与传统意义上的照相机不同，它没有镜头和快门等部件，只有附加于其他照相机的机身上才能使用。由于数码机背可以获得极高的分辨率，所拍摄图像能够打印出 A0 幅面以上的高质量图像，或打印出大幅面报纸照片水平的画面，因此数码机背主要用于要求苛刻的商业摄影、广告摄影等方面。

11.2　数码照相机的工作原理

数码照相机一般由光学镜头、光电转换器（CCD/CMOS）、模数转换器（A/D）、微处理器（MPU）、内置存储器、液晶显示器（LCD）、可移动存储器（外部存储卡）和接口（计算机接口、电视机接口）等部分组成，其组成原理如图 11-1 所示。

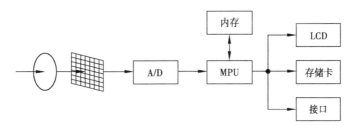

图11-1　数码照相机组成原理示意图

与普通照相机不同，数码照相机是利用光电转换器件代替传统胶卷实现感光成像。数码照相机在拍摄照片的过程中需要经过影像捕捉、信号转换、数字文件存储和图像输出几个主要步骤，具体过程如下：

（1）数码照相机在影像捕捉过程中，光线通过镜头到达感光器件上，由光电转换器（CCD/CMOS）完成光图像的捕捉。

（2）光电转换器（CCD/CMOS）捕捉影像后将每个像素转换成一个与该点所感受到的光线强度对应的模拟电信号，然后由模数转换器(A/D)再将其转换成具有一定位长的数字信号。一般来说，A/D 转换后的数据位数越多，误差越小，成像质量就越好。

（3）生成数字信号后，微处理器（MPU）按数码照相机中固化的程序（压缩算法）对数字信号进行压缩，并按一定格式将其存入内存储器中。

（4）数码照相机的图像数据输出主要有 3 种途径：第一种是输出到显示屏，数码照相机都有显示屏，因此不需要将图像文件输出到其他设备上，可以在数码照相机显示屏上直接观看所拍摄的图像效果；第二种是通过内部芯片输出到外部存储卡中；第三种是输出到接口，利用数据线将数据传送给计算机或通过视频线输出到电视机、投影仪上。此外，现在很多数码照相机自身带有 WiFi 功能，安装对应的软件，开启照相机 WiFi 与智能设备配对成功后即可遥控照相机拍照，并通过 WiFi 向智能设备输出图像。

11.3　数码照相机简介

本章以佳能数码照相机为例，简要介绍数码照相机的型号、参数、各部分名称及主要功能。

1.　佳能数码照相机的型号与参数

佳能数码照相机主要包括四大系列产品，分别是 IXUS 系列、EOS 系列、Prima 系列、PowerShot 系列。其中，IXUS 系列是时尚型数码照相机，EOS 系列是数码单反照相机，Prima 系列是小型低端数码照相机，而 PowerShot 系列下又包含很多类，有 A 系列的家用全能型，SIS 系列的专业长焦型，G 系列的准专业机型以及 PRO 系列的高端机型。本章以佳能

IXUS180 为例介绍数码照相机及其使用方法。

2. IXUS180照相机前视图

IXUS180 照相机的前面板和前视图如图 11-2 和图 11-3 所示。

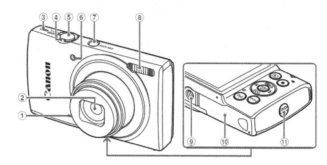

图11-2 佳能IXUS180照相机前面板　　图11-3 佳能IXUS180照相机前视图

各部件的名称和功能介绍如下：

① 麦克风：用于向录像中添加声音。

② 镜头。

③ 扬声器：用于播放声音。

④ 变焦杆：使用说明如表 11-1 所示。

表11-1 变焦杆使用说明

变 焦 杆		使 用 说 明
拍摄模式	▥ （广角）	缩小拍摄主体
	▣ （长焦）	放大拍摄主体
播放模式	✖ （索引）	通过索引方式显示图像，再次推动变焦杆，会增加所显示图像的数量
	✜ （放大）	对图像进行放大显示，最多可以放大 10 倍

⑤ 快门按钮：半按快门按钮可以进行对焦；全按快门按钮可以进行拍摄。

⑥ 自动对焦辅助灯：启动该功能，当照相机在暗处难以对焦时，自动对焦辅助灯将发光以协助对焦。

⑦ 电源按钮。

⑧ 闪光灯：当环境光线较暗时，可开启闪光灯增强亮度。通过"↯"按钮可以选择闪光灯状态。

⑨ 三脚架插孔。

⑩ 存储卡 / 电池仓盖。

⑪ 相机带安装部位。

3. 佳能IXUS180照相机后视图

该照相机的后视图如图 11-4 所示，各部件的名称和功能介绍如下：

① 显示屏（监视器）。

② AV OUT（音频 / 视频输出）/DIGITAL（数码）端子：利用数据线输出图像或短片。

③ [▶（播放）] 按钮：播放图像或短片。

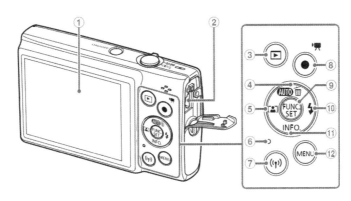

图11-4　佳能IXUS180照相机后视图

④ [⒜ (自动)]/ [🗑 (删除单张图像)]/ 上按钮：拍摄时，自动确定场景并选择最佳设置；播放时，删除单张图像或短片。

⑤ [🖼 (自动变焦)]/ 左按钮：拍摄时，根据被摄主体自动变焦。

⑥ 指示灯：使用说明如表 11-2 所示。

表11-2　指示灯使用说明

指示灯显示	使 用 说 明
闪烁绿光	连接至计算机时
	显示屏关闭时
	设备启动，数据记录中或读取中
	与其他设备通信中
	长时间曝光拍摄时
	正在通过 WiFi 连接、传输时

⑦ [((¶)) (WiFi)] 按钮：启动 WiFi 功能，将照相机与其他设备连接，发送和接收图像或短片。

⑧ [● (短片记录)] 按钮：录制短片。

⑨ [FUNC.SET(功能设置)] 按钮：包括测光模式、ISO 感光度、白平衡、曝光补偿设置等。

⑩ [⚡ (闪光灯)]/ 右按钮：设置是否开启闪光灯。

⑪ [INFO.(信息)]/ 下按钮：显示图像或短片信息。

⑫ [MENU（菜单）] 按钮：显示拍摄菜单、播放菜单和打印菜单及返回功能。

11.4　数码照相机的拍摄方法

数码照相机在拍摄时，根据拍摄的实际情况选择对应的拍摄模式，可以实现最佳的拍摄效果，拍摄模式使用说明如表 11-3 所示。

表11-3　拍摄模式使用说明

拍摄模式		使 用 说 明
自动	⒜ （自动）	照相机自动选择设置
可以调整图像全部参数	P （程序）	可以同时调整测光模式、白平衡、ISO 感光度、曝光补偿、自拍、驱动模式、图像大小、短片画质等设置

续表

拍摄模式		使　用　说　明
特殊场景	（人像）	拍摄人像，以柔和的效果拍摄人物照
	（低光照）	在低光照下拍摄，即使在低光照条件下，也可以显著降低照相机和被摄体抖动造成的影响
	（焰火）	以最佳曝光清晰度拍摄空中燃放的焰火
特殊效果	（鱼眼效果）	采用鱼眼镜头变形效果进行拍摄
	（微缩景观效果）	通过虚化图像上所选区域上面和下面的部分获得微缩模型效果。在记录短片前，通过选择播放速度，也可以使短片具有微缩模型效果。播放时，场景中的人和物将快速移动且没有声音
	（玩具相机效果）	此效果会使图像产生虚光现象（四角变暗、模糊），同时更改整体色彩，从而使图像具有使用玩具相机拍摄的效果
	（单色）	拍摄黑白色调、棕褐色调或者蓝白色调的图像
	（极鲜艳色彩）	以丰富、鲜艳的色彩拍摄
	（海报效果）	拍摄类似于旧海报或者旧插图的照片
其他用途的特殊模式	（面部优先自拍）	照相机在检测到其他人物的面部（例如拍摄者）进入拍摄区域约2秒钟后自动拍摄，拍摄者加入合影或类似拍摄中时，此功能非常有效
	（慢速快门）	可以将快门速度指定为 1～15s 来进行长时间曝光拍摄

> **提　示**
>
> 　　按自动按钮（ ）设置照相机的拍摄模式为"自动"，再按一次该按钮将切换为最近一次设置的其他模式。

1. 一般拍摄

在进行拍摄前启动照相机，并根据拍摄环境设置闪光灯状态。其拍摄步骤如下：

（1）按自动按钮（ ）设置照相机的拍摄模式为"自动"。

（2）将照相机镜头对准被摄主体。

（3）对焦并拍摄。

• 半按快门按钮进行对焦。

• 全按快门按钮进行拍摄。

（4）拍摄后查看图像。

• 拍摄照片后，图像在显示屏上显示约2秒。

• 若要持续显示图像，按播放按钮（ ）。

• 若要停止显示图像，半按快门即可。

2. 近摄（微距拍摄）

近摄（微距拍摄）适于拍摄花卉或小物体的特写。其拍摄步骤如下：

（1）在拍摄模式下，按自动按钮（ ）设置照相机的拍摄模式为"自动"。

（2）近距离对准拍摄对象，当显示屏右上角出现微距（ ）图标时，反复半按快门按钮进行对焦，待画面清晰之后进行拍摄。

3. 自动拍摄

所谓自动拍摄是指在按下快门按钮后照相机不立即进行拍摄，而是等待一定的时间之后再自动拍摄。其拍摄步骤如下：

（1）在拍摄模式下，按功能设置按钮（FUNC.SET）显示屏上出现功能选择菜单。

（2）通过上、下按钮选择自拍模式（⏱）选项，按向右按钮进入自拍模式的设置状态，通过上、下按钮，选择自拍延时时间（⏱、⏱或⏱），使用说明如表11-4所示。

表11-4　自拍模式使用说明

自 拍 模 式	使 用 说 明
⏱（2秒自拍）	按快门后等待 2 秒开始拍摄
⏱（10秒自拍）	按快门后等待 10 秒开始拍摄
⏱（自定义自拍）	选择此模式后，按 MENU 按钮进入自定义设置界面。通过上、下按钮选择"延迟"或"张数"设置；通过左、右按钮改变设置值。设置完成后按 MENU 按钮返回，然后按功能设置按钮（FUNC.SET）确认。在此模式下，照相机可以按照所设置的延迟时间和张数自动地连续拍摄照片

（3）按下快门按钮后，指示灯将闪烁且照相机会响起自拍的提示音。

（4）拍摄前 2 秒，指示灯闪烁的速度及提示音频率会加快。

（5）取消自拍模式，需在自拍模式中选择关闭（⏱）。

4. 连续拍摄

所谓连续拍摄是指照相机在持续完全按下快门按钮的时间内可以进行平稳地连续拍摄，直到释放快门按钮或存储卡存满时停止。其拍摄步骤如下：

（1）在拍摄模式下，按功能设置按钮（FUNC.SET）显示屏上出现功能选择菜单。

（2）通过上、下按钮选择驱动模式（□）选项，按向右按钮进入驱动模式设置状态，按向下按钮选择连拍模式（❏），按功能设置按钮（FUNC.SET）确认。

（3）持续完全按下快门按钮，照相机将连续拍摄图像。

（4）释放快门按钮时连续拍摄停止。

5. 特效拍摄

在不同场景中使用特别的拍摄效果，可以拍摄出更加精彩的图像。其拍摄步骤如下：

（1）在拍摄模式为非自动状态下，按功能设置按钮（FUNC.SET）显示屏上出现功能选择菜单，按向右按钮进入模式选择菜单。

（2）通过上、下按钮选择拍摄模式，按功能设置按钮（FUNC.SET）确认。

（3）对焦并拍摄。

6. 拍摄短片

数码照相机不仅可以拍摄静态图像，还可以录制视频短片。其拍摄步骤如下：

（1）按短片记录按钮（●）照相机响起一声提示音并开始录制，同时显示屏上会显示（●记录）和已拍摄时间。

（2）显示屏的顶部和底部会显示黑条，而且被拍摄对象会稍微放大。黑条表示拍摄时不会记录的图像区域。

（3）照相机检测到的面部上会显示对焦框，表示对该面部进行对焦。

（4）再次按短片记录按钮（●）将停止录制，同时照相机响起两声提示音。存储卡已满时，记录也将自动停止。

11.5　数码照相机的设置方法

1. 闪光灯设置

在拍摄模式下，可以根据拍摄环境光线明暗度的不同，按闪光灯按钮（✦）来选择各种闪光灯设置，其使用说明如表 11-5 所示。

表11-5　闪光灯使用说明

闪　光　灯	使　用　说　明
✦ᴬ（自动）	照相机可以根据环境光线的明暗度对闪光灯进行自动调节
✦（开）	每次拍摄时闪光灯都会闪光
✦⁄（慢速同步）	闪光灯闪光以照亮被摄主体，同时以较慢的快门速度拍摄以照亮闪光范围外的背景（仅 P 模式下可用）
⊛（关）	闪光灯处于关闭状态

> **提示**
>
> 在慢速同步模式（✦⁄）下，将照相机安装到三脚架上或采取其他措施，保持机身稳定；即使在闪光灯闪光后，仍需要确保被摄主体不动，直至快门声音停止。

2. 曝光补偿设置

曝光补偿有正、负之分。将曝光补偿调节至正值时，可以避免在背光或明亮背景下进行拍摄时被摄主体过暗；将曝光补偿调节至负值时，可以避免在夜间或黑暗背景下进行拍摄时被摄主体过亮。其设置方法如下：

（1）在拍摄模式为非自动模式下，按功能设置按钮（FUNC.SET）显示屏上出现功能选择菜单。

（2）通过上、下按钮选择曝光补偿（±0）选项，按向右按钮进入曝光补偿设置状态。

（3）通过上、下按钮调节曝光补偿值，按功能设置按钮（FUNC.SET）确认。

（4）若取消曝光补偿，只需将曝光补偿的值恢复至"±0"选项。

3. 测光模式设置

选择合适的测光模式可以确保照相机对被摄主体进行正确曝光。

（1）在拍摄模式为 P 模式状态下，按功能设置按钮（FUNC.SET）显示屏上出现功能选择菜单。

（2）通过上、下按钮选择测光模式（◉）选项，按向右按钮进入测光模式设置状态。

（3）通过上、下按钮选择测光模式，按功能设置按钮（FUNC.SET）确认。各种测光模式使用说明如表 11-6 所示。

表11-6 测光模式使用说明

测 光 模 式	使 用 说 明
☉（评价测光）	适合一般的拍摄条件，包括逆光拍摄，自动调整曝光以符合拍摄条件
☐（中央重点平均测光）	确定整个图像区域内光照的平均亮度，但以中央区域的亮度为重点进行计算
◉（点测光）	仅在显示屏中央显示的[ ]（点测光 AE 区框）内测光

4. 日期、时间设置

（1）在拍摄模式下，按菜单按钮（MENU），按向右按钮选择"设置"（♈）菜单。

（2）按向下按钮选择"日期/时间…"选项，按功能设置按钮（FUNC.SET）确认，进入日期/时间设置界面。

（3）通过左、右按钮选择需要设置的项目，通过上、下按钮设置各项的取值。

（4）设置完毕后，按功能设置按钮（FUNC.SET）确认。

（5）按菜单按钮（MENU）返回。

5. 在图像中插入日期/时间

在照相机已预先设置好日期/时间后，就可以向拍摄的图像中插入日期/时间。其设置方法如下：

（1）在拍摄模式下，按菜单按钮（MENU），在"拍摄"（📷）菜单中，按向下按钮选择"日期标记"（📅）选项。

（2）通过左、右按钮选择标记内容，标记内容默认为"关"，可以设置标记为"日期和时间"或只标记"日期"。

（3）设置完毕后，按菜单按钮（MENU）返回。

┌─ 提 示 ─────────────────────────────────────┐
对于图像中已插入的日期标记无法进行删除。
└──┘

6. 影像稳定器功能设置

影像稳定器可以最大程度地降低因照相机晃动对图像清晰度所产生的影响。其设置方法如下：

（1）在拍摄模式下，按菜单按钮（MENU）选择"拍摄"（📷）菜单。

（2）按向下按钮选择"影像稳定器设置…"选项，按功能设置按钮（FUNC.SET）确认。

（3）通过上、下按钮，根据实际需要选择"常开"或"关"。常开模式下照相机会根据拍摄条件自动应用最佳的影像稳定效果。

11.6 图像的操作

1. 图像的播放

按播放按钮（▶）进入播放模式，首先显示最后拍摄的图像，通过左、右按钮可以查看上一张图像和下一张图像。

（1）图像放大显示。

① 在播放模式下，将变焦杆逐渐推向放大（ Q ），将逐渐放大当前图像。

② 在放大显示状态下，通过上、下、左、右按钮可以放大浏览当前图像的各个局部。

③ 在放大显示状态下，按功能设置按钮（FUNC.SET），照相机将切换至图像展现模式，通过上、下按钮可以放大浏览上一张或下一张图像。

④ 再次按功能设置按钮（FUNC.SET）图像展现模式将被取消。

⑤ 按菜单按钮（MENU）设置为按原始大小显示当前图像。

⑥ 将变焦杆逐渐推向索引（ ），图像放大显示将逐渐被取消。

> **提 示**
>
> 带（ SET ► ）图标的即为短片。短片不可以放大显示。

（2）图像索引播放。

① 在播放模式下，将变焦杆逐渐推向索引（ ），可以分组查看图像。

② 在索引状态下，通过上、下、左、右按钮可以选择不同图像。

③ 按功能设置按钮（FUNC.SET）按原始大小显示当前图像。

④ 将变焦杆逐渐推向放大（ Q ），图像索引播放将逐渐被取消。

（3）短片播放。

① 在播放模式下，通过左、右按钮找到要播放的短片。

② 按功能设置按钮（FUNC.SET）显示屏上出现功能选择菜单。

③ 按向右按钮播放短片，通过左、右按钮实现快退、快进功能，通过上、下按钮调整短片的音量，再按功能设置按钮（FUNC.SET）暂停播放。

④ 按菜单按钮（MENU）返回查看状态。

2. 图像的删除

（1）删除单张图像。

① 在播放模式下，通过左、右按钮选择要删除的图像，按删除按钮（ ）进入"删除"界面。

② 通过左、右按钮选择"删除"选项，按功能设置按钮（FUNC.SET）确认。

（2）删除连续范围的图像。

① 在播放模式下，按菜单按钮（MENU）选择"播放"（ ）菜单。

② 按向下按钮选择"删除…"选项，按功能设置按钮（FUNC.SET）进入"删除"界面。

③ 按向下按钮选择"选择图像范围…"选项，按功能设置按钮（FUNC.SET）进入"选择图像范围"界面。

④ 通过左、右按钮选择第一张图像选择框，按功能设置按钮（FUNC.SET）进入选择界面，通过左、右按钮选择待删除范围的第一张图像，按功能设置按钮（FUNC.SET）确认并返回。

⑤ 通过左、右按钮选择最后一张图像选择框，按功能设置按钮（FUNC.SET）进入选择界面，通过左、右按钮选择待删除范围的最后一张图像，按功能设置按钮（FUNC.SET）确

认并返回。

⑥ 通过上、下按钮选择"删除"选项，按功能设置按钮（FUNC.SET）确认。

（3）删除全部图像。

① 在播放模式下，按菜单按钮（MENU）选择"播放"（▶）菜单。

② 按向下按钮选择"删除…"选项，按功能设置按钮（FUNC.SET）进入"删除"选择界面。

③ 按向下按钮选择"选择全部删除…"选项，按功能设置按钮（FUNC.SET）进入"删除"界面。

④ 通过左、右按钮选择"确定"选项，按功能设置按钮（FUNC.SET）确认。

3．图像的下载

用附带的数据连接线将计算机的 USB 端口连接至照相机的数码端子（DIGITAL）；将照相机设置为播放模式，然后打开电源，即可将所拍摄的图像下载至计算机。

11.7　辅助拼接软件简介

由于镜头的局限，一些大场景和多人大合照无法一次性容纳全部内容，可以通过辅助拼接的方式将分段拍摄的照片合成，得到类似于超广角的照片。拍摄时，需要将场景分成几段拍摄，各段的首尾要有一定的重叠。本章以佳能公司提供的辅助拼接软件——PhotoStitch 为例，简要介绍辅助拼接软件的使用方法。

（1）安装好 PhotoStitch 软件，并将待拼接的图像下载至计算机。

（2）启动 PhotoStitch 软件后，界面如图 11-5 所示，并单击窗口中的"合并图像"按钮。

（3）选择窗口中"选择和排列"选项卡，如图 11-6 所示。

图11-5　PhotoStitch软件启动界面　　　图11-6　PhotoStitch选择和排列图像窗口

（4）单击"打开"按钮，在"打开"对话框中，选择待合并的多张图像，如图 11-7 所示。

（5）打开图像后利用"排列"、"切换"、"清除"、"旋转"、"放大"和"缩小"按钮，对待合并图像进行适当调整，如图 11-8 所示。

图11-7　选择待合并图像　　　　　　图11-8　对待合并图像进行处理

（6）选择"合并"选项卡，如图11-9所示。

图11-9　"合并"选项卡

（7）单击"合并设置"按钮，打开"合并设置"对话框，根据实际情况，参照图11-10选择合适的拍摄技术设置，单击"确定"按钮返回窗口。

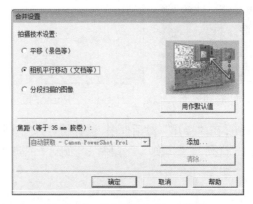

图11-10　"合并设置"对话框

（8）单击"开始"按钮，开始合并图像，如图 11-11 所示。

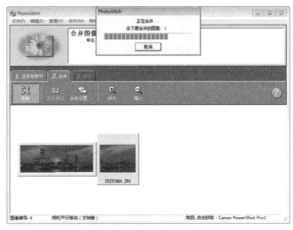

图11-11 合并图像

（9）合并后的结果图像，如图 11-12 所示。

图11-12 图像合并结果

（10）单击"显示接缝"按钮，显示合并接缝，如图 11-13 所示。

图11-13 显示合并接缝

（11）选择"保存"选项卡，在预览区域拖动绿色编辑框，调整合并后保留的图像区域，如图 11-14 所示。

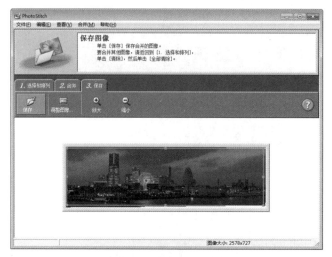

图11-14　调整保留图像区域

（12）单击"保存"按钮，对合并后的结果进行保存，如图 11-15 所示。

图11-15　保存合并结果

11.8　数码照相机的维护

1. 数码照相机的日常维护

（1）镜头。只有在非常必要时才对镜头进行清洗，过多的擦拭及不正确的清洗方法会损坏镜头。一般来说，镜头上有少许灰尘并不会影响图像质量。在不使用照相机时，最好盖上镜头盖，以减少清洗的次数。清洗时，先用软刷和吹气球清除尘埃颗粒，再使用专用镜头纸沾镜头清洗液擦拭。另外注意不要用硬纸、纸巾或餐巾纸来清洗镜头，这些物品中含有刮擦性的木质纸浆，会严重损坏照相机镜头上的易损涂层。

（2）电池。数码照相机主要是靠电池供电，因此应该注意做好电池的保养，不用时，也要定期充放电。为了避免电量流失的问题发生，请保持电池两端的接触点和电池盖子的内部干净。此外，在充电之前，请使用柔软干布清洁电池两端的接触点，尽量让电池两端接触点保持干净，以确保电池可以充足电量。

（3）显示屏。显示屏是数码照相机的重要组成部件，不但价格昂贵，而且很容易受到损伤，因此在使用、存放中，不要让显示屏表面受重物挤压。显示屏表面脏了，只能用干净的软布轻轻擦拭，不能用有机溶剂清洗。

2. 数码照相机的常见故障排除

（1）图像模糊或无法对焦。

① 拍照时尽量拿稳照相机。

② 在正确的对焦范围内进行拍摄。

③ 开启指示灯设置。

④ 关闭不需要的功能。

（2）图像中的主体太暗。

① 将闪光灯设置为开启。

② 增加曝光补偿。

③ 提高 ISO 感光度。

（3）图像中的主体太亮或图像闪烁白色。

① 使用内置闪光灯时，在拍摄主体的正确闪光灯范围内进行拍摄。

② 减少曝光补偿。

③ 改变拍摄角度。

（4）按电源按钮没有任何反应。

① 确认电池电量是否充足。

② 确认电池以正确的方向插入。

③ 确认存储卡 / 电池仓盖完全关闭。

④ 如果电池端子脏污，电池性能将会下降。尝试用棉签清洁电池端子，然后再将电池重新插入若干次。

实　践　操　作

（1）练习闪光灯的各种设置，并将闪光灯设置为"关闭"。

（2）练习一般拍摄、查看及删除照片。

（3）练习近摄及播放照片。

（4）练习自动拍摄及变焦杆使用。

（5）日期、时间的设置及插入。

（6）连拍及影像稳定器功能设置。

（7）辅助拼接练习。

第12章

扫描仪

扫描仪是一种获取数字图像文件的重要设备。它通过扫描捕捉图像（照片、文本、图画、胶片、三维图像等），并将其转化为计算机可以显示、编辑、存储和输出的数字化文件，是继键盘、鼠标之后多媒体计算机的一种新型输入设备。

12.1　扫描仪的分类

1. 平台式扫描仪

平台式扫描仪又称为平板式扫描仪，主要扫描反射稿，其光学分辨率一般在300～8 000 DPI之间，色彩位数在24～48位之间。目前平台式扫描仪是扫描仪家族中用途最广、种类最多，同时也是销量最大的产品。

2. 便携式扫描仪

便携式扫描仪无论是在扫描速度还是易操性方面，都要比一般的平台式扫描仪突出很多。其独特的高效能双面扫描让用户可以更加快捷地进行文档整理，在工作时无需预热，开机即可扫描，在大大提高了工作效率的同时，也符合了国家所提倡的能源节约理念。

3. 胶片扫描仪

胶片扫描仪主要用来扫描幻灯片、摄影负片、CT片及专业胶片，例如:医院、高档影楼、科研单位等地方常用这种扫描仪。一般它的分辨率很高，扫描区域较小，且具备针对胶片特性的处理功能，多数产品还会有配套的输出设备，可实现照片级质量的输出。

4. 滚筒扫描仪

滚筒扫描仪是以一套光电系统为核心，通过滚筒的旋转带动扫描件的运动从而完成扫描工作。其优点是处理幅面大、精度高、速度快。光学分辨率在1 000～8 000 DPI之间，色彩位数在24～48位之间。由于滚筒扫描仪占地面积大且造价相对昂贵，所以一般应用在专业化要求较高的领域。

5. 三维扫描仪

三维扫描仪是一种科学仪器，它是运用集光、机、电和计算机技术于一体的高新技术，对现实世界中物体或环境的形状与外观数据进行侦测并分析。其搜集到的数据常被用来进行三维重建计算，在虚拟世界中创建实际物体的数字模型。三维扫描仪在工业设计、瑕疵检测、医学信息、刑事鉴定、数字文物典藏等方面被广泛应用。

12.2　扫描仪的工作原理

扫描仪主要由光学部分、机械传动机构和转换电路三部分组成，其核心部分是完成光电转换的光电转换部件。目前大多数扫描仪的光电转换部分是感光器件。

扫描仪工作时，光源发出的光线照射在图稿上，经条形平面反射镜反射后，通过聚焦透镜照射在感光传感器上，再由感光传感器将光信号转换为与其光强度成正比的模拟电信号，然后由转换电路对这些电信号进行模/数转换和处理，产生对应的数字信号输送给计算机。

12.3　扫描仪的使用方法

1.　使用手机APP进行文件扫描

"扫描全能王"软件针对不同类型文件提供不同的扫描模式（证件、普通、书籍、电子证据、二维码等），并且可以对扫描结果文件进行识别转换。下面以"普通"模式扫描文件为例，具体操作步骤如下：

（1）在手机终端安装并打开"扫描全能王"APP，点击"拍照"按钮进入扫描主界面，参照图 12-1 选择"普通"扫描模式。

（2）对待扫描文件进行拍照，参照图 12-2 调整选框选取扫描区域。

（3）点击"确定"（√）按钮，根据扫描结果质量选择滤镜模式（增亮、增强并锐化、灰度、黑白等）。参照图 12-3 选择"增强并锐化"模式，点击"确定"（√）按钮保存扫描文件，结果如图 12-4 所示。

（4）点击右上角"更多"（ ⋮ ）按钮，根据需求选择对扫描文件的处理方式。常用处理方式有以下几种：

保存至相册：参照图 12-5 点击"选择"选项，选取待保存的文件后，参照图 12-6 点击下方工具栏中的"保存到相册"按钮，打开手机相册查看保存的图片文件。

图12-1　"普通"扫描模式　　图12-2　选取扫描区域　　图12-3　"增强并锐化"滤镜模式

图12-4　保存扫描文件

图12-5　"选择"选项

图12-6　保存图片文件

输出 PDF 文件：参照图 12-5 选择"PDF 设置"选项，参照图 12-7 进行 PDF 参数设置。设置完毕返回至图 12-5 所示界面，点击右上角"PDF"（ ）按钮，进入文件分享界面，点击"分享"按钮，参照图 12-8 根据需求选择文件的分享方式，输出 PDF 格式文件。

图12-7　PDF参数设置

图12-8　输出PDF格式文件

文字识别：点击保存的扫描文件，参照图 12-9 点击下方工具栏中的"识别"按钮，在弹出的对话框中选择"本地快速识别"选项，调整选框选择识别区域，再次点击下方工具栏中的"识别"按钮，得到图 12-10 所示的文字识别结果。点击右上角的"分享"按钮，参照

图 12-11 根据需求选择文件的分享方式，即可输出识别后的可编辑文件。

> **提示**
>
> 用户可以在软件的"设置"|"文字识别 OCR"选项中选择文字识别语言。系统默认设置的识别语言为"英语 -en"和"中文（简体）-zh-s"。

图12-9 识别文字

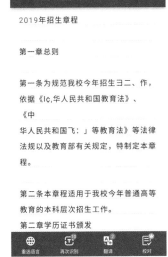

图12-10 文字识别结果

图12-11 输出可编辑文件

2. 使用扫描仪进行文件扫描

将待扫描的文档正面朝上放置在文档进纸器的进纸盘中，调整介质导板；或将原件正面朝下放置在扫描仪玻璃板上，合上扫描仪盖板，准备开始扫描。

> **提示**
>
> 文档放置方向请分别参考文档进纸器和扫描仪玻璃板上的提示标志。

（1）使用 Windows 扫描软件扫描文件。

① 单击"开始"|"所有程序"|"Windows 传真和扫描"，启动"Windows 传真和扫描"窗口，如图 12-12 所示。

② 单击工具栏上的"新扫描"按钮，在弹出的"新扫描"对话框中，参照图 12-13 对相关参数进行设置（包括来源、纸张大小、颜色格式、文件类型、分辨率等），单击"扫描"按钮。

> **提示**
>
> 只有"来源"选择"纸盒（扫描单面）"时才可以选择"纸张大小"；若"来源"选择"平板"，扫描前可先"预览"扫描效果。

⑶ 扫描完毕后，在"Windows 传真和扫描"窗口中可以查看到扫描结果文件的信息和预览效果。用户通过工具栏可以对结果文件进行相关操作（传真转发、邮件转发、另存为、打印、删除等）。

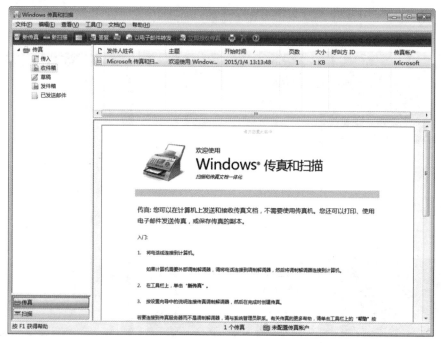

图12-12 "Windows传真和扫描"窗口

图12-13 "新扫描"对话框

（2）使用 HP 扫描软件扫描文件。

HP 扫描向导根据不同的办公环境为用户提供了多种扫描快捷方式，具体介绍如下：

- "另存为PDF"：将文件扫描并以PDF格式存储。
- "另存为JPEG"：将文件扫描并以JPEG格式存储。
- "将电子邮件另存为PDF"：将文件扫描以PDF格式存储，并通过Outlook Express电子邮件软件发送给指定收件人。
- "将电子邮件另存为JPEG"：将文件扫描以JPEG格式存储，并通过Outlook Express电子邮件软件发送给指定收件人。
- "另存为可编辑文本（OCR）"：将文件扫描并以可编辑文本OCR格式存储。
- "每天扫描"：适用于常用的扫描参数设置。

除以上扫描快捷方式以外，用户也可以根据需求创建新的快捷方式来满足工作需要。因各种扫描快捷方式的扫描方法类似，故这里只对"另存为可编辑文本（OCR）"进行详细介绍。具体操作步骤如下：

① 单击"开始"|"所有程序"|"HP LJ M1530 Scan"，在弹出的 HP Scan 扫描对话框中，选择"另存为可编辑文本（OCR）"快捷方式，对扫描参数进行设置，如图 12-14 所示。

单击"高级设置…"选项，在弹出的"另存为可编辑文本（OCR）的高级设置"对话框中，参照图 12-15 对相关选项卡中的参数进行设置，单击"确定"按钮返回至图 12-14 所示的扫描向导窗口。

> 提 示
>
> 根据扫描文件的语言类型在"文件"|"OCR"选项中设置对应的 OCR 语言。

图12-14 HP Scan扫描向导步骤一

图12-15 可编辑文本高级设置对话框

② 单击"扫描"按钮，打开图 12-16 所示的 HP Scan 扫描向导对话框。扫描完毕后用户可在右侧预览窗口中浏览扫描结果，并可通过左侧的功能按钮对扫描结果进行修正（包括旋转、亮度、对比度、预览裁剪、添加 / 删除页面），完毕后单击"保存"按钮，在弹出

的"另存为"对话框中，参照图 12-17 设置文件保存路径和文件名，单击"保存"按钮保存文件。

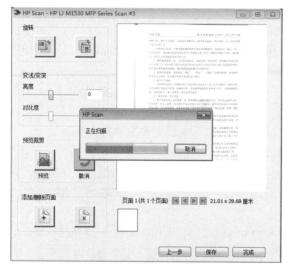

图12-16　HP Scan扫描向导步骤二　　　　　图12-17　"另存为"对话框

③ 处理 OCR 文档中的"手动换行符"。

扫描转换所得的文档中若存在"手动换行符"，可以使用 Word 软件中的"替换"功能来批量删除手动换行符，具体操作步骤如下：

单击"开始"选项卡 | "替换"命令，在弹出的"查找和替换"对话框中，参照图 12-18 进行参数设置，将文档内所有"手动换行符"替换为空。

图12-18　"查找和替换"对话框

提　示

"手动换行符"可在"更多"|"特殊格式"列表中选择，如图 12-19 所示。

以上为 HP 扫描中"另存为可编辑文本（OCR）"快捷方式的扫描方法，其他快捷方式的扫描方法与其类似，此处不再赘述。

3. 将图像文件识别转换为Word文档

在实际办公中，很多软件都具备 OCR 文字识别功能，例如：QQ、汉王、捷速、

CAJViewer 等。下面介绍的“Readiris PRO 11”文字识别软件，除了对中英文文件识别率较高以外，对其他各种语言文件（德文、韩文、日文、法文等）的识别也很出色。

（1）使用“Readiris PRO 11”软件进行图像识别转换。

① 启动转换软件，当出现“字符辨识精灵”对话框时，单击“取消”按钮，进入图 12-20 所示工作界面，界面左侧包含“扫描中”和“辨识”两项任务窗格：

“扫描中”窗格：单击“来源”和“选项”按钮，设置文件来源和页面校正选项。

“辨识”窗格：单击“中文（简体）”和“格式”按钮，设置转换语言和转换格式。

② 设置完毕后，单击菜单栏的“文档” | “开启”命令，打开“输入”对话框，如图 12-21 所示。

③ 打开待转换的图像文档（支持同时打开多个文件），软件会对所有打开的文件进行识别转换，在预览窗口下方的窗格中可以浏览到已被识别转换所有文件（使用文件前方的复选框可选择需要被识别转换的文件），如图 12-22 所示。

④ 单击“辨识”窗格中的“识别 + 保存”按钮，在弹出的“输出档”对话框中，参照图 12-23 设置文档的保存路径和文件名，单击“保存”按钮后，将所有选中的文件同时识别转换到一个 Word 文档中。

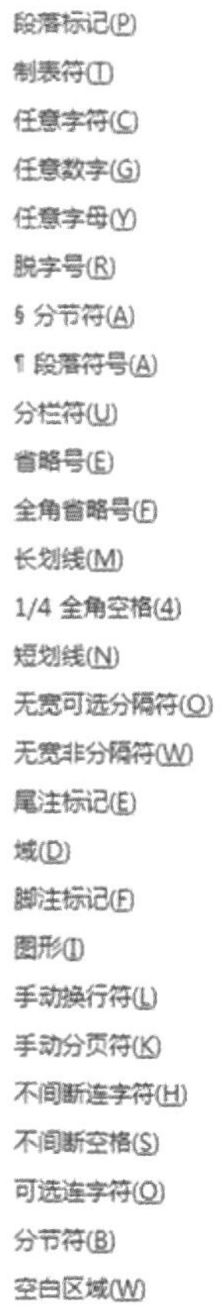

段落标记(P)
制表符(T)
任意字符(C)
任意数字(G)
任意字母(Y)
脱字号(R)
§ 分节符(A)
¶ 段落符号(A)
分栏符(U)
省略号(E)
全角省略号(F)
长划线(M)
1/4 全角空格(4)
短划线(N)
无宽可选分隔符(O)
无宽非分隔符(W)
尾注标记(E)
域(D)
脚注标记(F)
图形(I)
手动换行符(L)
手动分页符(K)
不间断连字符(H)
不间断空格(S)
可选连字符(O)
分节符(B)
空白区域(W)

图12-19 “特殊格式”列表

Readiris 为了 Hewlett-Packard
文档(F) 编辑(E) 设定(S) 检视(V) 处理(P) 学习(L) 注册(R) 说明(H)
字符辨识精灵
扫描中
扫描
来源
选项
扫描仪
辨识
识别 + 保存
中文(简体)
学习
格式
Welcome, Bienvenue, 歡迎
Readiris PRO 11

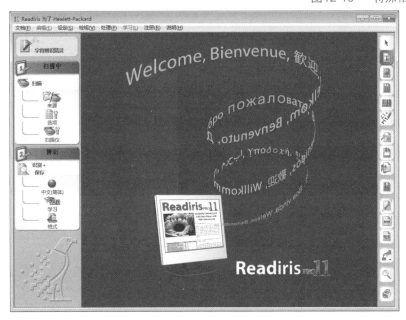

图12-20 识别转换步骤一

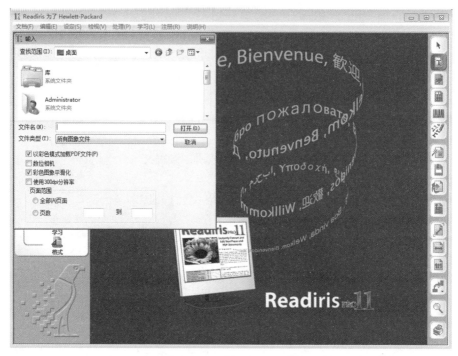

图12-21 "输入"对话框

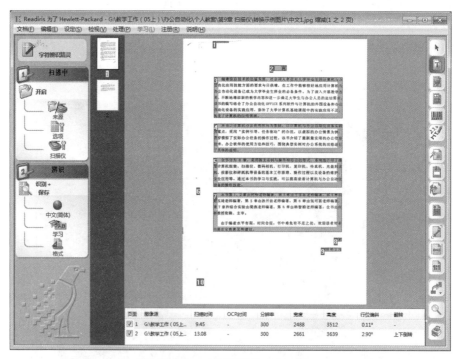

图12-22 识别转换步骤二

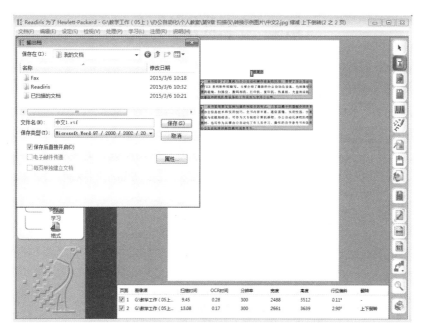

图12-23 识别转换步骤三

（2）处理识别转换文档中的"图文框"。

识别转换后的文档中若有图文框，要将其删除有以下两种方法：

- 逐一删除：双击要删除的图文框边框线，打开图12-24所示的"图文框"对话框，单击左下角的"删除图文框"按钮，删除当前图文框。
- 全部删除：使用【Ctrl+A】组合键选中全文，【Ctrl+C】组合键复制全文。新建空白文档，在空白文档中右击，参照图12-25在弹出的快捷菜单中选择粘贴选项中"只保留文本"选项，将不带有图文框格式的文本粘贴到空白文档中。

图12-24 "图文框"对话框

图12-25 快捷菜单

12.4 扫描仪的维护

1. 扫描仪的日常维护

（1）不能随意拆卸。扫描仪是一种比较精密的设备，随意拆卸很容易改动光学部件位置，影响扫描成像工作。因此在遇到扫描仪故障时，最好送厂维修。

（2）防尘。为了不影响图片的扫描质量，请尽量在无尘或者灰尘少的环境下使用扫描仪。使用完毕后，一定要用防尘罩把扫描仪遮盖起来，以防止进入更多灰尘。

（3）清洁扫描仪玻璃板。表面带有指印、污迹、毛发等脏物的玻璃板会降低扫描质量，并影响特定功能的精确性。具体清洁步骤如下：

① 关闭电源，从插座上拔下电源线，然后掀起盖板。

② 使用沾有非磨蚀玻璃清洁剂的软布或海绵清洁玻璃板和扫描仪条带。

③ 用软布或纤维海绵擦干，以免留下污点。

（4）在拆装扫描仪时，为了防止烧毁主板，插拔时必须先关闭电源。

（5）定期进行驱动程序的更新。驱动程序直接影响扫描仪的性能，并涉及各种软、硬件系统的兼容性。为了让扫描仪更好地工作，应该及时更新驱动程序。

2. 扫描仪的常见故障排除

（1）无法检测到扫描仪。

① 关闭扫描仪，按照正确开机顺序重新启动扫描仪。

② 检查扫描仪的驱动程序是否异常，如有异常请重新安装。

③ 检查扫描仪与计算机之间的数据连接是否异常，如有异常请重新连接数据线。

（2）扫描图像质量差。

① 尽量使用扫描仪玻璃板而非文档进纸器进行扫描。

② 确认扫描参数（分辨率、颜色等）的设置适用于正在执行的扫描作业类型。

③ 清洁扫描仪条带或玻璃板。

（3）扫描仪无法正常启动。

若供电无异常，考虑是由于清洁不当、设置资源冲突或受到剧烈振动等原因造成的，需要将扫描仪送到专业维修点进行维修。

实 践 操 作

（1）练习扫描文件的方法。

① 使用 HP 扫描向导，将中文文本页扫描并直接保存为 RTF 文件（扫描分辨率为 300 DPI，转换语言为中文，文件格式为 RTF）。

② 使用 HP 扫描向导，将英文文本页（或韩文、法文、德文等）扫描并保存为 JPG 图片文件（扫描分辨率为 300 DPI，输出类型为黑白，图片格式为 JPG）。

③ 使用 HP 扫描向导，将教材中的文本扫描并保存为 JPG 图片文件（扫描分辨率为 200 DPI，输出类型为灰度，图片格式为 JPG）。

④ 使用 HP 扫描向导，将证书的正反两面扫描并保存为 PDF 图片文件（扫描分辨率为 200 DPI，输出类型为彩色，图片格式为 PDF）。

（2）练习转换文件的方法。

① 使用识别转换软件将英文文本页（或韩文、法文、德文）的扫描结果文件，识别转换至 Word 文档内，并校正、保存。（转换语言需根据扫描结果文件进行选择）

② 使用识别转换软件将教材的扫描结果文件，识别转换至 Word 文档内，并对照原件进行校正、保存。

第13章

打印机

打印机作为计算机的基本输出设备之一，在日常办公过程中已被人们熟悉和使用。随着新技术的引进和新材料的应用，打印机设备正朝着智能化、网络化、数字化方向发展。

13.1　打印机的分类

通过打印机可以将计算机处理的结果输出在相应的介质上。打印机按打印原理进行分类，主要分为针式打印机、喷墨打印机、激光打印机和 3D 打印机四种类型；打印机按连接方式进行分类，主要分为本地打印和网络打印两种类型。

13.2　打印机的工作原理

下面按照不同种类的打印机分别介绍其工作原理。

1. 针式打印机

针式打印机的工作原理是利用机械和电路驱动原理，使打印针撞击色带和打印介质，进而打印出点阵，再由点阵组成字符或图形来完成打印任务。在使用中，用户可以根据需求来选择多联纸张，一般常用的多联纸有 2 联、3 联、4 联纸。该类打印机造价低、打印成本低、操作起来方便，目前被广泛应用于银行、邮电、税务、证券、教育、航空、铁路和商业领域，例如存折打印机、票据打印机等。针式打印机的外观和色带如图 13-1 所示。

（a）外观　　　　　　　　　　　　　　　　　（b）色带

图13-1　针式打印机的外观和色带

2. 喷墨打印机

喷墨打印机的工作原理与针式打印机基本相同，两者的本质区别在于打印头的结构。喷墨打印机的打印头是由成百上千个直径极其微小（约几微米）的墨水通道组成。这些通道的数量也就是喷墨打印机的喷孔数量，它直接决定了喷墨打印机的打印精度。打印头的控制电路接收到驱动信号后，将通道内的墨水挤压喷出。喷出的墨水到达打印纸，即产生文字和图形。喷墨打印机在选择的打印介质上具有一定的优势，它即可以打印信封、信纸等普通介质，还可以打印各种胶片、照片纸、光盘封面、卷纸、T恤转印纸等特殊介质。该类打印机体积小、价格低、打印噪声小，目前被广泛应用于家庭、摄影、印刷及小型办公领域。喷墨打印机的外观和墨盒如图 13-2 所示。

（a）外观   （b）墨盒

图13-2　喷墨打印机的外观和墨盒

3. 激光打印机

激光打印机在打印品质、速度、噪声大小等方面都远远优于上述两种打印机，现在占据着打印机的主要市场。它是将激光扫描技术和电子照相技术相结合的打印输出设备，其工作过程主要包括三个阶段。第一阶段：潜影形成。激光打印机的核心部件是一个可以感光的硒鼓。当激光发射器所发射的激光照射在硒鼓表面，硒鼓表面就形成了由电荷组成的潜影。第二阶段：影像形成。碳粉是一种带电荷的细微塑料颗粒，其电荷与硒鼓表面的电荷极性相反，当带有电荷的硒鼓表面与碳粉接触后，碳粉被依附在硒鼓表面，潜影就变成了真正的影像。第三阶段：进行打印。该阶段任务由打印机的机械部件完成。硒鼓转动的同时，另一组传动系统将打印纸送进来，硒鼓表面的碳粉影像被热压融化，在冷却过程中固着在纸张表面，图像就在纸张表面形成了。

激光打印机分为黑白和彩色两种类型。由于彩色激光打印机的价格过于昂贵（几千元到几十万元的产品都有），主要应用在专业领域。因此，目前普遍流行的是黑白激光打印机，该类打印机被广泛应用于办公自动化、计算机辅助设计等领域。激光打印机的外观和硒鼓如图 13-3 所示。

（a）外观   （b）硒鼓

图13-3　激光打印机的外观和硒鼓（鼓粉一体）

4. 3D打印机

3D 打印机就是可以"打印"出真实 3D 物体的一种设备，采用分层加工、叠加成形，即通过逐层增加特殊蜡材、液体、塑料或粉末等"可粘合打印材料"来生成 3D 实体，再利用光固化和纸层叠等技术快速成型。3D 打印是添加剂制造技术的一种形式，因此相对于其他添加剂制造技术而言，3D 打印机具有速度快、价格便宜、易用性高等特点。近年来，由于快速成型技术在市场上占据主导地位，促使 3D 打印技术在工业设计、建筑、汽车、航天及医疗领域都得到了广泛的应用。3D 打印机的外观和耗材如图 13-4 所示。

（a）外观

（b）耗材

图13-4　3D打印机的外观和耗材

5. 其他打印机

除了以上几种最为常见的打印机外，还有热敏打印机和热转印打印机等应用于专业领域的机型。热敏打印技术是在热敏纸上覆盖一层透明膜，将膜加热一段时间后变成深色，图像是通过加热后在膜中产生化学反应而生成的。其优点是打印速度快、成本较低，缺点是打印出来的介质保存时间不长，目前被广泛应用于超市、服装店、物流等条码要求不高的行业。热敏小票据打印机如图 13-5 所示。热转印打印技术就是利用专门的碳带，将碳带上的碳粉涂层经过加热和压力的方式，转印到不干胶标签纸、PET、PVC、吊牌等多种标签介质上。其优点是打印出来的介质保存时间较长。相比之下，热转印打印机的成本和耗材都比热敏打印机高，它适用于制造业、纺织业、电子业、化工业、医疗业、政府机构等领域。不干胶标签条码打印机如图 13-6 所示。

图13-5　热敏小票据打印机

图13-6　不干胶标签条码打印机

13.3 打印机的使用方法

下面以第 9 章所介绍的 HP LaserJet M1536dnf 多功能一体机为例来介绍打印机的使用方法。HP LaserJet M1536dnf 首页出纸时间约为 8.5 秒，打印分辨率为 1 200×1 200 DPI，打印速度为 25ppm（A4 纸张）。打印机的使用步骤如下：

1. 本地打印

（1）检查打印机与计算机已连接好后开机。

HP LaserJet M1536dnf 一体机可以借助标准的高速通用串行总线（USB）2.0 端口连接到计算机，实现打印输出。

（2）将打印纸放入进纸盒。

HP LaserJet M1536dnf 一体机本身包含一个最多可容纳 250 页打印介质的纸盘和一个最多可容纳 10 页打印介质的优先进纸盘。

（3）测试打印功能。

按下一体机控制面板上的"菜单"按钮（▇），选择"报告"|"配置报告"|"打印配置报告"，目的是检查装纸状态、碳粉状态，以及查看是否有纸张卡在机器内。

（4）设置打印参数。

① Word 文档打印参数设置方法如下：

打开待打印的 Word 文档，单击"文件"菜单 |"打印"，在打印窗口中，可以预览打印的文档，并对打印参数进行设置：包括选择打印机、设置打印份数、打印页数、打印方式、打印顺序、纸张方向、纸张大小和定义边距，如图 13-7 所示。

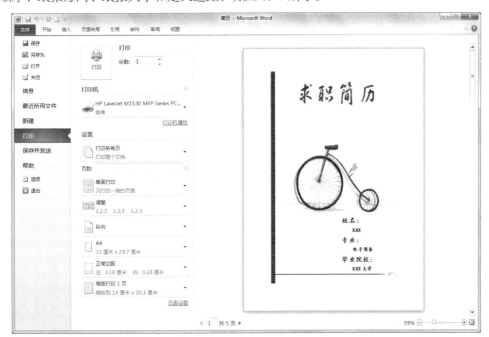

图13-7 Word文档打印窗口

- 选择打印机名称。如果一台计算机连接了多台打印机，需要选择打印机名称，如图13-8所示。
- 设置打印机属性。单击"打印机属性"按钮，弹出图13-9所示的对话框，在"打印快捷方式"选项卡中，用户可以选择打印方式，同时可以设置纸张尺寸、每张打印页数、是否双面打印、纸张类型和方向等。如果是一般日常打印，纸张尺寸、每版打印页数、是否双面打印和纸张方向等参数也可以在图13-7所示的打印窗口中进行快速设置。

图13-8 "打印机"列表

图13-9 打印机属性对话框

在"打印快捷方式"选项卡的"纸张类型"列表中可以选择不同的打印介质，在"每张打印页数"列表中可以设置每张打印 2 页、4 页、6 页……，如图 13-10 所示。

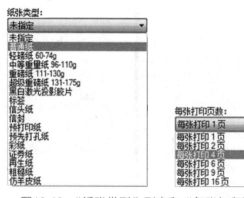

图13-10 "纸张类型"列表和"每张打印页数"列表

在"效果"选项卡中可以创建和使用水印效果，如图 13-11 所示。如果希望水印只出现在文档的第一页上，选择"仅第一页"复选项。

 提 示

文档上的水印效果只有在打印输出之后才能看到。

图13-11 "效果"选项卡

在"纸张／质量"和"完成"选项卡中，可以对一些不常用的选项进行设置，例如用不同的纸打印页面、打印页面边框、打印页面顺序等。

- 设置打印份数。在图13-7所示的打印窗口中，用户可以设置文件打印的份数，并且在"调整"列表中设置打印输出的方式，如图13-12所示。如果选择"调整"，则在打印多份文档时，打印完整的一份文档之后才开始打印下一份文档；如果选择"取消排序"，则是打印完该文档的第一页及其所有副页之后再开始打印下一页及其副页。
- 双面打印。HP LaserJet M1536dnf支持自动双面打印，在图13-7所示的打印窗口中，用户选择"单面打印"列表中的"双面打印"选项，打印机即可完成自动双面打印，如图13-13所示。

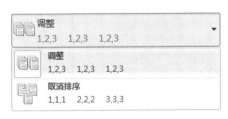

图13-12 "调整"列表

图13-13 "单面打印"列表

- 打印多个文档。用户可以一次打印多个文档。单击"文件"菜单|"打开"，在"打开"对话框中，选择待打印的多个文档，在选区上右击，选择快捷菜单中的"打印"命令，多个打印任务将会显示在打印队列窗口中，打印机将依次打印队列中的文档，如图13-14所示。

图13-14　打印多个文档

② Excel 文档打印参数设置方法如下：

Excel 文档打印参数的设置类似于 Word 文档。单击"文件"菜单 |"打印"，在打印窗口中，可以预览打印的表格，并对打印参数进行设置：包括选择打印机、设置打印份数、打印活动工作表范围、打印方向、纸张大小、缩放比例等，如图 13-15 所示。例如：将当前"企业员工工资表"文件调整为一页，并横向打印，可以在缩放列表中选择"将工作表调整为一页"，如图 13-16 所示；在方向列表中选择"横向"。

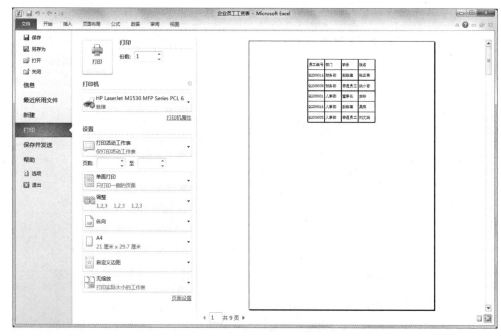

图13-15　Excel文档打印窗口

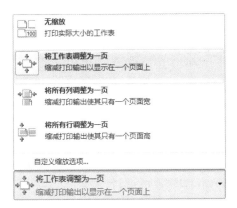

图13-16 缩放列表

- 多页输出。单击"视图"选项卡|"工作簿视图"组|"分页预览"（），显示当前工作表的分页效果，并通过拖动"分页符"来调整页面范围，如图13-17所示。

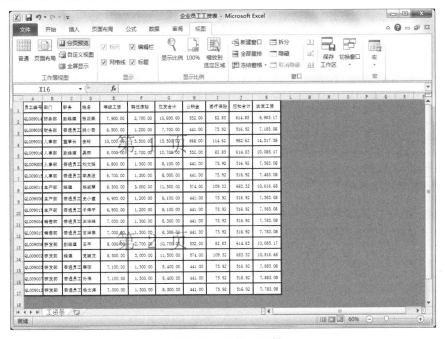

图13-17 调整分页符

- 添加页眉、页脚。单击"插入"选项卡|"文本"组|"页眉和页脚"，进入页眉和页脚编辑区，在"页眉和页脚工具-设计"选项卡中，可以为打印区域设置页眉、页脚内容，如图13-18所示。

图13-18 "页眉和页脚工具-设计"选项卡

● 设置工作表的打印页面。单击"页面布局"选项卡|"页面设置"组对话框启动器（ ）|"工作表"，在"工作表"选项卡中，选择打印区域、打印标题区域，并设置打印相关选项及打印顺序，如图13-19所示。

③ PowerPoint 文档打印参数设置方法如下：

演示文稿打印参数的设置类似于 Word 文档。单击"文件"菜单 | "打印"，在打印窗口中，可以预览打印的幻灯片，如图13-20所示。例如：打印讲义，选择"讲义"列表中每页打印的幻灯片数目，并选择"幻灯片加框"和"根据纸张调整大小"复选项，如图 13-21 所示；然后在打印窗口中，设置打印份数、打印范围、打印方向、打印颜色等参数。

图13-19 "页面设置"对话框

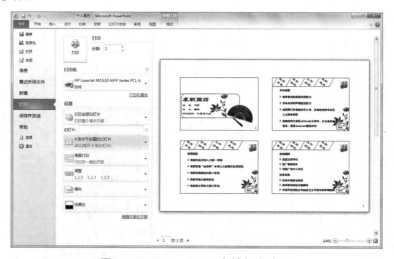

图13-20 PowerPoint文档打印窗口

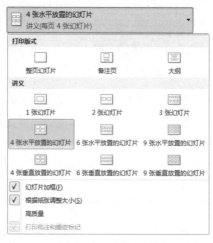

图13-21 "讲义"列表

（5）打印文件

打印参数设置完毕后，单击"打印"按钮开始打印；也可以在文件图标上右击，在弹出的快捷菜单中选择"打印"命令，打印输出文档。

（6）取消打印作业

① 硬件取消。按下一体机控制面板上的"取消"按钮（■），则结束显示在多功能一体机 LCD 显示屏上的当前任务。

② 软件取消。可以通过 Windows 打印队列取消打印作业。例如：在 Windows 7 操作系统下，单击"开始"|"设备和打印机"，参照图 13-22 双击打印机名称图标，打开打印队列窗口，在待取消的打印作业文档名上右击，选择快捷菜单中的"取消"命令，如图 13-23 所示。

图13-22　打印机和传真窗口

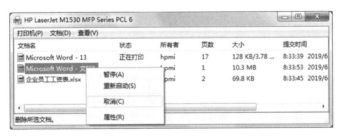

图13-23　打印队列窗口

提 示

双击任务栏系统提示区的打印机图标，也可以启动打印队列窗口，如图 13-24 所示。

图13-24　任务栏系统提示区

2. 网络打印

随着人们对打印服务的要求越来越高，共享打印的缺点就暴露出来了：至少需要两台计算机、文件传输不稳定、传输速度慢等。因此，网络打印应运而生。相对于本地打印，网络打印需要配置打印服务器，将具有网络连接功能的打印机连接到局域网内，则该网络内的任何一台计算机都可以进行打印。

网络打印机要通过网络接口接入网络。通常有两种接入方式：一种是打印机自带打印服务器（内置打印服务器），打印服务器上有网络接口，HP LaserJet M1536dnf 一体机是借助标准的 10/100Base-T 接口（即网络端口）接入网络，分配 IP 地址实现网络打印的，如图 13-25 所示；另一种是打印机使用外置的打印服务器，打印机通过并口或 USB 口与打印服务器连接，打印服务器再与网络连接，实现打印机共享功能，如图 13-26 所示。

网络中的用户可以访问并使用网络打印机，具体操作方法是：单击"开始"|"搜索程序和文件"，输入网络打印机的 IP 地址，确定后找到打印机，安装打印机的驱动程序。安装完毕，网络打印机即连接成功，则可以使用了。

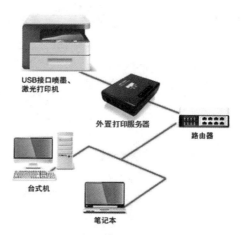

图13-25　内置打印服务器　　　　　图13-26　使用外置打印服务器

13.4　打印机的维护

1. 打印机的日常维护

（1）不要在打印机上放置任何物品，尤其是液体；放置要平稳，以免打印机晃动影响打印质量、增加噪声。

（2）要定期清洁打印机。清洁打印机时要关闭打印机的电源开关，用干净的软布进行擦拭，尽量不要触及打印机内部的部件。

（3）选用质量较好的打印纸，装入纸张前要注意释放掉纸上的静电，并将纸张抖开，以免影响正常进纸和打印质量。

（4）打印机连续工作时间不宜过长，若输出量很大，建议中间让打印机休息半小时左右，然后再继续输出。

2. 打印机的常见故障排除

（1）打印机不能进行正常的打印。检查电源线及数据线是否连接正常，检查驱动程序是否正确，检查打印机端口的设置是否正确。

（2）打印机卡纸。先关闭打印机电源，然后打开盖板把卡的纸张取出来。取纸时，要缓慢地将卡纸从打印机中取出来，避免纸屑存留在机器内部。

（3）打印字迹不清晰或单侧变黑。其原因是激光束扫描到正常范围以外、感光鼓上方的反射镜位置改变、墨粉集中在盒内某一边等。这时可以取下硒鼓，轻轻摇动，使盒内墨粉均匀分布，如仍不能改善，则需要更换硒鼓。

实 践 操 作

（1）采取自动双面打印的方式打印 Word "个人简历" 文档，打印输出后左侧装订。

（2）将 Word "个人简历" 文档（4 页文件）缩印在一张纸上，并为该文档的第一页添加 "机密" 水印效果。

（3）打印完整的 Excel "成绩单" 电子表格，并添加页眉、页脚（页眉区输入姓名，页脚区插入页码）。

（4）将 Word "合同" 文档（4 页文件）缩印在一张纸的两面上，采取自动双面打印，每版打印 2 页。

（5）调整 Excel "企业员工工资表" 电子表格的分页符，使表格内容显示在两页内，在一张纸的反正面横向打印工资条，要求输出工资条的正反面方向保持一致，并且均带有顶端标题行。

（6）以讲义的方式打印 PPT "个人简历" 演示文稿，每页打印 4 张水平放置的幻灯片，并设置幻灯片加框，根据纸张适当调整幻灯片的大小，横向黑白打印。

第14章

复印机

复印机是现代办公环境中配置的常用设备，它是从书写、绘制或印刷的原稿得到等倍、放大或缩小复印品的设备。复印机复印的速度快，操作简便，与传统的铅字印刷、蜡纸油印、胶印等方法的主要区别是无需经过其他制版等中间手段，便能快速、准确地直接从原稿获得复印品，从而实现资料与信息的共享、保存以及传递。

14.1　复印机的分类

复印机的种类较多，分类方法也各不相同。目前比较常见的分类方法如下：

1. 按照复印机的工作原理分类

（1）模拟复印机。

（2）数码复印机。

2. 按照复印机的用途分类

（1）家用型复印机，如图 14-1 所示。

（2）便携式复印机，如图 14-2 所示。

（3）办公型复印机，如图 14-3 所示。

（4）工程图纸复印机，如图 14-4 所示。

复印机还可以根据其的复印速度来划分，可以分为低速、中速和高速三种。

图14-1　家用型复印机

图14-2　便携式复印机

图14-3 办公型复印机

图14-4 工程图纸复印机

14.2 复印机的工作原理

1. 模拟复印机工作原理

模拟复印机是通过曝光、扫描将原稿的光学模拟图像通过光学系统直接投射到已被充电的感光鼓上产生静电潜像，再经过显影、转印、定影等步骤，完成复印过程。

2. 数码复印机工作原理

数码复印机首先通过电荷耦合器件（Charge-coupled Device，CCD）传感器对通过曝光、扫描产生的原稿的光学模拟图像信号进行光电转换，然后将经过数字技术处理的图像信号输入激光调制器，调制后的激光束对被充电的感光鼓进行扫描，在感光鼓上产生由点组成的静电潜像，再经过显影、转印、定影等步骤，完成复印过程。

14.3 复印机的使用方法

下面以第 9 章介绍的 HP LaserJet M1536dnf 多功能一体机为例介绍复印机的使用方法。图 14-5 为多功能一体机控制面板中的复印功能控制面板。

图14-5 HP M1536dnf多功能一体机的复印功能控制面板

控制面板上常用的复印功能控制按钮的名称及其主要功能如表14-1所示。

表14-1　复印功能控制按钮名称及其主要功能

按　钮	子菜单项	子菜单选项	说　明
调浅/加深			设置复印件的亮暗度
份数			设置要复印的份数
缩小/放大	原件=100%		设置用于缩小或放大复印文档的默认百分比
	Legal 至 Letter=78%		
	Legal 至 A4=83%		
	A4 至 Letter=94%		
	Letter 至 A4=97%		
	整页=91%		
	适合页面		
	每张 2 页		
	每张 4 页		
	自定义：25-400%		
复印菜单	复印 ID		将标识卡或其他小文档的两面复印在一张纸的同一面上
	优化	混合	设置复印质量，以便最大程度地再现原文档
		图片	
		照片	
		文本	
	纸张	A4	设置输出纸张尺寸
		Legal	
		Letter	
	多页复印	打开	设置默认多页平板复印选项
		关闭	
	自动分页	打开	设置默认整理选项
		关闭	
	双面	单面到单面	为原文档和复印文档设置产品双面打印条件
		单面到双面	
开始复印			启动复印操作

1. 复印操作流程

（1）开机预热。按下电源开关，开启一体机预热。当预热时间达到时，控制面板的LCD显示屏上会显示"就绪"，并且屏幕下方的指示灯变为绿色，表示一体机可以进行复印。

（2）放置原稿。多功能一体机的文档进纸器和扫描仪玻璃板均可以放置待复印原稿。用户可根据原稿特点选择适合本次复印操作的位置放置原稿。放置位置介绍如下：

- 文档进纸器：适合放置连续多页的独立纸张文档，参照图14-6将文档正面朝上装入文档进纸器进纸盘。
- 扫描仪玻璃板：适合放置书籍、证书、照片、卡类等，参照图14-7将文档正面朝下放置在扫描仪玻璃板上（每次一页），使文档左上角对准玻璃板的左上角。

图14-6　文档进纸器

图14-7　扫描仪玻璃板

> **提　示**
>
> 如果文档进纸器进纸盘和扫描仪玻璃板上均装有文档，则多功能一体机上将优先从文档进纸器进纸。

（3）检查进纸盒中空白复印纸的放置和数量。

（4）设置复印参数，如复印质量、复印份数、复印件对比度等。

（5）选择复印模式，如单面到单面、单面到双面、拼版复印、自定义缩放复印、复印 ID 等。

（6）在多功能一体机控制面板上，按下"开始复印"按钮（📇）。

2. 复印模式

（1）单面到单面复印。

如果对复印效果没有特殊要求，多功能一体机在默认设置状态下，进行单面到单面的复印操作。具体操作步骤如下：

① 将待复印的文档正面朝上装入文档进纸器的进纸盘中，并调整介质导板；或将原件正面朝下放置在扫描仪玻璃板上。

② 按需求设置复印参数。

③ 在进纸盒中放好空白复印纸，按下控制面板上"开始复印"按钮（📇），得到单面到单面的原样复印结果。

（2）单面到双面复印。

如果要将两页单面文档复印到一张纸的双面上，具体操作步骤如下：

① 将待复印的两页单面文档正面朝上装入文档进纸器的进纸盘中，并调整介质导板。

② 在一体机复印功能控制面板上，按下"复印菜单"按钮（▤）。

③ 使用"◁"或"▷"按钮查看，选择"双面"菜单，按下"OK"按钮。

④ 使用"◁"或"▷"按钮查看，参照图 14-8 选择复印类型中的"单面到双面"选项，按下"OK"按钮。

⑤ 按下"开始复印"按钮（📇），复印机会将两页单面文档复印到一张纸的双面后输出，结果如图 14-9 所示。

> **提　示**
>
> 一体机复印类型的默认值是单面到单面。

图14-8　单面到双面复印参数设置界面

图14-9　单面到双面复印结果

（3）拼版复印。

拼版复印是指将多个版面的原件重新拼版复印到一个版面。下面以对 4 页纵向版面的单面原件进行拼版复印为例，具体操作步骤如下：

① 将待复印的 4 页单面原件正面朝上，装入文档进纸器进纸盘中，并调整介质导板。

② 在一体机复印功能控制面板上，按下"缩小 / 放大"按钮（ ✎ ）。

③ 使用"◁"或"▷"按钮查看，选择"每张 4 页"选项，按下"OK"按钮。

④ 使用"◁"或"▷"按钮查看，参照图 14-10 选择原件方向为"纵向"选项（若原件方向为横向，则选择"横向"），按下"OK"按钮。

⑤ 按下"开始复印"按钮（ ▣▣ ），复印机会将 4 页文档重新拼版复印到一个版面上，结果如图 14-11 所示。

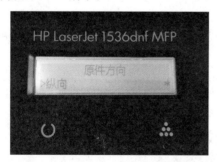

图14-10　"原件方向"参数设置界面

图14-11　拼版复印结果

提　示

双面原件需通过扫描仪玻璃板完成拼版复印。

（4）自定义缩放复印。

自定义缩放复印是按照用户需求的比例，对原件进行缩小或放大复印。下面以将原件进行 1/4 缩小复印为例介绍，具体操作步骤如下：

① 将待复印的文档正面朝上装入文档进纸器的进纸盘中，并调整介质导板；或将原件正面朝下放置在扫描仪玻璃板上。

② 在一体机复印功能控制面板上，按下"缩小 / 放大"按钮（ ✎ ）。

③ 使用"◁"或"▷"按钮查看，选择"自定义:25-400%"选项，按下"OK"按钮。

④ 参照图 14-12 使用字母 / 数字小键盘输入 "50"，按下 "OK" 按钮。

⑤ 按下 "开始复印" 按钮（🖨️），复印机将原件缩小为原来的 1/4 后输出，结果如图 14-13 所示。

> **提 示**
>
> 输入百分比 "50" 表示将原件的高度和宽度均缩小为原件的 1/2，所得到的复印件为原件的 1/4。自定义放大复印和缩小复印类似，此处不再赘述。

图14-12 自定义缩放百分比设置界面

图14-13 缩小1/4倍复印结果

（5）复印 ID。

复印 ID 功能是将标识卡或其他小文档的两面复印到一张纸的同一面上，如身份证、银行卡等两面信息的复印。具体操作步骤如下：

① 参照图 14-14，将待复印的 ID 原件一面朝下放置在扫描仪玻璃板合适的位置上。

② 合上扫描盖板，在一体机复印功能控制面板上，按下 "复印菜单" 按钮（📋）。

③ 选择 "复印 ID" 菜单，按下 "OK" 按钮，LCD 显示屏上出现 "正在复印第 1 页" 的提示，复印机对第一面进行扫描。

④ 扫描完毕后，LCD 显示屏上出现 "将下一文档装入到不同的位置。在装入后，按【OK】。如果没有其他文档请按【复印】。" 的提示。

⑤ 参照图 14-15，将 ID 原件翻转，另一面朝下放置在扫描仪玻璃板上其他合适的位置，合上扫描盖板，按下 "OK" 按钮，复印机对第二面进行扫描。

图14-14 复印ID卡第一次放置的位置

图14-15 复印ID卡第二次放置的位置

⑥所有内容扫描完毕后，按下"开始复印"按钮（🖹🖹），LCD 显示屏上出现"正在复印第 1 页"的提示，扫描的两面内容将复印到一张纸的一面上，结果如图 14-16 所示。

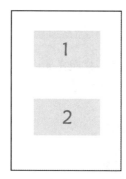

图14-16 "复印ID"卡的结果

提 示

复印 ID 只针对扫描仪玻璃板上的单面复印。

---

3. 复印参数设置

（1）更改明暗度设置。

①按下复印功能控制面板上的"调浅 / 加深"按钮（◑）。

②使用"◁"按钮向左移动滑块，使复印件比原件亮；或使用"▷"按钮向右移动滑块，使复印件比原件暗。

③按下"OK"按钮，保存所做的设置。

（2）更改复印质量设置。

复印质量不同会影响复印件的效果，多功能一体机复印质量参数选项如表 14-2 所示。一般出厂默认的复印质量设置为"混合"选项如果要更改复印质量设置，具体设置步骤如下：

①按下复印功能控制面板上的"复印菜单"按钮（📋）。

②使用"◁"或"▷"按钮查看，选择"优化"菜单，按下"OK"按钮。

③使用"◁"或"▷"按钮查看，更改复印质量设置。

④按下"OK"按钮，保存所做的设置。

表14-2 复印质量参数选项及说明

参数选项	参数说明
混合	使用此设置复印同时包含文本和图形的文档
图片	使用此设置复印非照片图形
照片	使用此设置复印照片
文本	使用此设置复印所含内容大部分是文本的文档

（3）设置复印份数。

①按下复印功能控制面板上的"份数"按钮（📄）。

②使用字母 / 数字小键盘，输入所需的复印份数（1 ~ 99 之间），按下"OK"按钮。

（4）设置自动分页。

①按下复印功能控制面板上的"复印菜单"按钮（▤）。

②使用"◁"或"▷"按钮查看，选择"自动分页"菜单，按下"OK"按钮。

③使用"◁"或"▷"按钮查看，选择"打开"或"关闭"选项，按下"OK"按钮。

> **提　示**
>
> 　　如果打开自动分页功能，则页面将按照"1，2，3，1，2，3"的顺序复印输出；如果关闭自动分页功能，则页面将按照"1，1，2，2，3，3"的顺序复印输出。

（5）设置介质尺寸。

①按下复印功能控制面板上的"复印菜单"按钮（▤）。

②使用"◁"或"▷"按钮查看，选择"纸张"菜单，按下"OK"按钮。

③使用"◁"或"▷"按钮查看，按照需求选择纸张尺寸（Letter、Legal、A4），按下"OK"按钮。

（6）恢复默认设置。

①按下复印功能控制面板上的"复印菜单"按钮（▤）。

②使用"◁"或"▷"按钮查看，选择"恢复默认值"选项，按下"OK"按钮，所有复印参数、复印模式等设置将恢复默认值。

> **提　示**
>
> 　　对当前作业所做的复印参数更改在复印作业完成后的两分钟内仍然有效。在此期间，多功能一体机的控制面板LCD显示屏上将显示"自定义复印设置"。

4. 取消复印作业。

按下一体机控制面板上的"取消"按钮（✕），可取消当前的复印操作。

> **提　示**
>
> 　　如果有多个进程正在运行，则按下"取消"按钮会清除当前进程及所有待处理进程。

14.4　复印机的维护

1. 复印机的日常维护

（1）放置复印机的地点应保持环境整洁、通风干燥，注意防水、防尘、防震、防高温、防阳光直射，定期使用清洁液对复印机进行清洁。

（2）杜绝硬币、回形针或图钉之类的金属掉入复印机，以免这些金属接触到工作电路板，导致复印机内部电子元气件工作短路，损坏复印机。

（3）在插拔电源、线缆或排除卡纸故障时，应先将电源切断再进行操作。

（4）要保持复印机扫描仪玻璃板清洁、无划痕或斑点，否则会影响复印效果。如有斑点，使用软质的玻璃清洁物清洁扫描仪玻璃板。

（5）复印机使用的墨粉需用原厂家推荐的原装粉，复印纸需使用标准的复印纸。

2. 复印机的常见故障排除

（1）复印图像有黑点、条纹、太浅、太深或不清楚。选择优质的原件；清洁扫描仪玻璃板或文档进纸槽扫描仪条带；更换打印碳粉盒。

（2）复印图像倾斜。调整介质导板，使其适合装入的介质宽度和长度，然后尝试再次复印。

（3）复印纸张卡纸。清除卡纸后再次尝试复印。

（4）在复印的过程中发生未输出复印件、复印件为空白或复印了错误的原件等情况。检查待复印原件装入是否正确；检查硒鼓安装是否正确；检查纸张类型选择是否正确。

（5）如果机器发出异响、机器外壳变得过热、机器部分被损伤、机器被雨淋或机器内部进水，请立即关掉电源，并请专业维修人员进行维修。

实 践 操 作

（1）将教材中任意 4 页双面原件原样复印一份。

（2）将教材中任意 2 页单面原件复印到一张纸的正反面。

（3）将身份证的正反两面原样复印到一张纸的一面，位置居中。

（4）将 4 页单面原件拼版复印到一张纸的一面。

（5）将教材中任意 2 页双面原件拼版复印到一张纸的一面。

（6）将证件的单面放大为原来的 4 倍复印；再将其缩小为原来的 1/4 复印。

第  章

传真机

所谓传真机，是指借助公用通信网或其他通信线路传送文字、图片、图表及数据等信息的通信设备。传真机集计算机技术、通信技术、精密机械与光学技术于一体，其传送信息的速度快、接收的副本质量高，不但能准确、原样地传送各种信息的内容，还能传送信息的笔迹，具有其他通信工具所无法比拟的优势，在现代办公领域中占有极其重要的地位。

15.1 传真机的分类

传真机的种类较多，分类方法也各不相同。目前比较常见的分类方法如下：

1. 按照国际电报电话咨询委员会（CCITT）制定的国际标准进行分类

（1）一类机（G1），在电话线路上传送一页 A4 文件，需时 6 分钟。

（2）二类机（G2），在电话线路上传送一页 A4 文件，需时 3 分钟。

（3）三类机（G3），在电话线路上传送一页 A4 文件，需时 1 分钟。

（4）四类机（G4），高速文件传真机，传送一页 A4 文件，只需 3 秒钟。

目前，一类机和二类机已经被淘汰，各行业广泛使用的传真机主要是三类机。

2. 按照传真机的打印方式进行分类

（1）热敏纸传真机（也称为卷筒纸传真机）。

（2）热转印式普通纸传真机。

（3）喷墨式普通纸传真机（也称为喷墨一体机）。

（4）激光式普通纸传真机（也称为激光一体机）。

目前，市场上最常见的是热敏纸传真机和喷墨 / 激光一体机，外观分别如图 15-1 和图 15-2 所示。

图15-1　热敏纸传真机

图15-2　激光一体机（带有传真功能）

15.2　传真机的工作原理

传真机的工作原理很简单，先扫描即将要发送的文件并将其转化为一系列黑白点信息，该信息再转化为音频信号并通过电话线路进行传送；接收方的传真机"听到"信号后，会将相应的点信息打印出来，这样接收方就收到了一份原发送文件的复印件。

1.　传真机的发送原理

传真机的发送过程如下：首先将待发文件放入传真机的原稿托盘，接通电话并听到传真信号音后按下传真键，原稿文件通过传真机的进纸通道进入传真机的扫描系统，对文件进行逐行扫描，将文件图像分解成像素。这些黑白像素依照原稿文件按一定的规律排列，经过光电转换把代表原稿信息的光信号转换成模拟电信号，再经过数字化处理把该信号转换成便于计算机处理的数字信号，通过图像处理形成一个图像信号。由于一幅图像的数据量相当大，不利于实现高速传输，因此，在数据发送之前需要对其进行数据压缩，压缩后的数据通过调制器的处理转换为适合在电话线路上传输的带通信号，通过电话线路将代表原稿文件信息的信号发送出去。传真机的发送原理如图 15-3 所示。

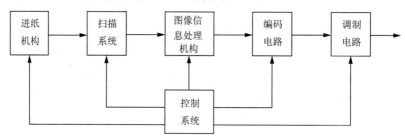

图15-3　传真机发送原理

2.　传真机的接收原理

传真机的接收实际上是发送的逆过程。接收信号从电话线路传过来，经过网络控制电路把传真机从待机状态转换为接收状态。接收时，首先对接收信号进行解调，把调制信号恢复为原来的数据序列，再经过解码把压缩的数据信号还原成未压缩状态，把图像信号依次还原为逐个像素，按照与发送端扫描顺序相同的顺序记录下来，便可得到一份与原稿相同的副本。传真机的接收原理如图 15-4 所示。

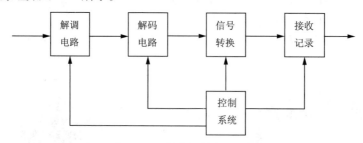

图15-4　传真机接收原理

3. 传真机的打印原理

不同类型的传真机在接收到信号后的打印方式是不同的，它们的工作原理也是不同的，区别也基本上在这一方面。

（1）热敏打印方式。通过热敏打印头将打印介质上的热敏材料熔化变色，生成所需的文字和图像。

（2）热转印打印方式。热转印是从热敏技术发展而来，它通过加热转印色带，使涂敷于色带上的墨转印到纸上形成文字和图像。

（3）喷墨打印方式。通过步进马达带动喷墨头左右移动，把从喷墨头中喷出的墨水依序喷布在普通纸上完成打印工作。

（4）激光打印方式。利用机体内控制激光束的一个硒鼓，凭借控制激光束的开启和关闭，在硒鼓中产生带电荷的图像区，此时硒鼓内部的碳粉会受到电荷的吸引而附着在纸上形成文字和图像。

一般来说，热敏打印方式适用于热敏纸传真机，而热转印打印方式、喷墨打印方式和激光打印方式适用于普通纸传真机。

15.3 传真机的使用方法

不同类型传真机的功能面板各不相同，但其基本的传真功能和使用方法大致相同。本章以 HP LaserJet M1536dnf 多功能一体机为例介绍关于传真机的使用方法。HP LaserJet M1536dnf 的控制面板布局见第 9 章图 9-4，控制面板上常用的传真控制按钮名称及其主要功能见第 9 章表 9-4。

1. 传真前准备

在开始使用多功能一体机传真功能前，用户应该先完成以下三项任务：

（1）检查多功能一体机是否正确地连接了传真线路与传真电话。线路传真端口与电话传真端口如图 15-5 所示。

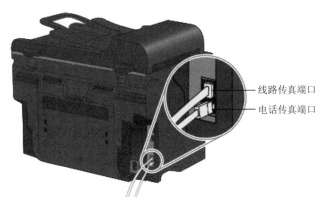

图15-5 线路传真端口与电话传真端口

（2）设置传真时间和日期。

① 在多功能一体机控制面板上，按下"传真菜单"按钮（📄）。

② 使用 "◁" 或 "▷" 按钮查看，选择 "更改默认值" 菜单，按下 "OK" 按钮。

③ 使用 "◁" 或 "▷" 按钮查看，选择 "基本设置" 菜单，按下 "OK" 按钮。

④ 使用 "◁" 或 "▷" 按钮查看，选择 "时间／日期" 菜单，按下 "OK" 按钮。

⑤ 使用 "◁" 或 "▷" 按钮查看，选择 12 小时制或 24 小时制，按下 "OK" 按钮。

⑥ 使用小键盘上的 "字母／数字" 按钮输入当前时间，按下 "OK" 按钮。

⑦ 使用 "◁" 或 "▷" 按钮查看，选择日期格式，按下 "OK" 按钮。

⑧ 按照选定的日期格式输入当前日期，按下 "OK" 按钮。

（3）设置传真标题。

① 在多功能一体机控制面板上，按下 "传真菜单" 按钮（📄）。

② 使用 "◁" 或 "▷" 按钮查看，选择 "更改默认值" 菜单，按下 "OK" 按钮。

③ 使用 "◁" 或 "▷" 按钮查看，选择 "基本设置" 菜单，按下 "OK" 按钮。

④ 使用 "◁" 或 "▷" 按钮查看，选择 "传真标题" 菜单，按下 "OK" 按钮。

⑤ 使用小键盘上的 "字母／数字" 按钮输入本台机器的传真号码（最大字符数为 20），按下 "OK" 按钮。

⑥ 使用小键盘上的 "字母／数字" 按钮输入本公司的名称或标题（最大字符数为 25），按下 "OK" 按钮。

提 示

设置传真参数时，既可以通过控制面板上的 "传真菜单" 按钮（📄）进行设置，如图 15-6，也可以通过控制面板上的 "设置" 按钮（🔧）｜"传真设置" 菜单进行设置，如图 15-7 所示。

图15-6　传真菜单按钮

图15-7　设置按钮

完成以上三项任务后，就可以进行传真作业。传真机的基本操作包括文档的发送、接收和复印。发送和接收是在两台传真机之间进行传真通信，而复印则是在本机上进行操作。

2. 发送方操作

发送传真文档一般可以使用多功能一体机控制面板上的字母／数字小键盘拨号方式和电话拨号方式。

（1）使用多功能一体机控制面板上的字母／数字小键盘拨号方式发送传真。

① 将待传的文档正面朝上装入文档进纸器的进纸盘中，并调整介质导板；或将原件正面朝下放置在扫描仪玻璃板上。

② 根据发送文档的图像深浅及清晰度等要求，设置相关的参数。

③ 按下"电话薄"按钮（🔖），从列表中选择电话号码；或使用控制面板上的字母／数字小键盘直接输入接收方的传真号码。

④ 按下"开始传真"按钮（📞），开始传送文件。

- 如果待发送的文档在文档进纸器的进纸盘中，则开始发送传真文件。LCD显示屏上提示信息及解释如图15-8所示（"x"代表传真原件的页数）。

- 如果待发送的文档在扫描仪玻璃板上，文档进纸器会检测到进纸盘中没有文档装入，这时按照显示屏上的提示信息进行操作。LCD显示屏上提示信息及解释如图15-9所示（"x"代表传真原件的页数）。

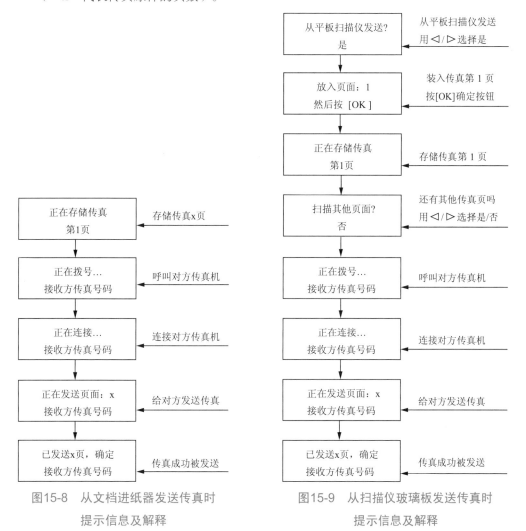

图15-8　从文档进纸器发送传真时提示信息及解释

图15-9　从扫描仪玻璃板发送传真时提示信息及解释

⑤ 接收方接收传真文件。

- 如果接收方占线，传真机会根据重拨设置等待自动重新拨号。LCD显示屏上提示信息及解释如图15-10所示（"x"代表传真原件的页数）。

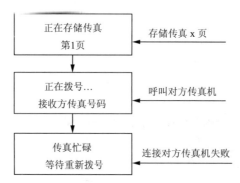

图15-10　接收方占线时提示信息及解释

- 如果接收方无人接收传真文件，则传真发送失败。LCD显示屏上提示信息及解释如图15-11所示（"x"代表传真原件的页数）。

（2）使用电话拨号方式发送传真。

① 将待传真的文档装入文档进纸器的进纸盘中；或放置在扫描仪玻璃板上。

② 根据发送文档的图像深浅及清晰度等要求，设置相关的参数。

③ 使用电话拨打接收方电话号码，接通后告之对方有传真要发送。

④ 如果接收方同意接收，按下"开始传真"按钮（📞📄）启动传真功能，给发送方一个传真信号音，放下电话听筒，等待传真被接收。

⑤ 发送方听到传真信号音后（一般为刺耳的长鸣声），按下"开始传真"按钮（📞📄）开始给对方发送传真，放下电话听筒。

> **提　示**
>
> 使用电话拨号方式发送传真的过程中，LCD 显示屏上提示信息及解释请参照图 15-8 至图 15-11 所示。

3．接收方操作

传真文档的接收一般可以使用自动接收、手动接收和电话分机接收三种方式。

（1）自动接收传真。

首先将多功能一体机的传真应答模式设置为"自动"（一般出厂默认设置为"自动"）。在此应答模式下，当指定的响铃次数响过或识别特殊的传真音后，传真机会自动应答来电呼叫，传真被自动接收。这种接收方式适用于单位无人或用户不方便手动接收传真，传真需要自动被接收的情况。LCD 显示屏上提示信息及解释如图 15-12 所示（"x"代表传真原件的页数）。

（2）手动接收传真。

① 首先将多功能一体机的传真应答模式设置为"手动"。在此应答模式下，传真机不会自动应答来电呼叫，适用于用户想人工控制传真的接收情况。多功能一体机的传真应答模式出厂默认设置为"自动"，如果要将应答模式更改为"手动"，具体设置步骤如下：

- 在多功能一体机控制面板上，按下"传真菜单"按钮（📄）。
- 使用"◁"或"▷"按钮查看，选择"更改默认值"菜单，按下"OK"按钮。

• 使用"◁"或"▷"按钮查看，选择"基本设置"菜单，按下"OK"按钮。

• 使用"◁"或"▷"按钮查看，选择"应答模式"菜单，按下"OK"按钮。

• 使用"◁"或"▷"按钮查看，选择"手动"选项，按下"OK"按钮。

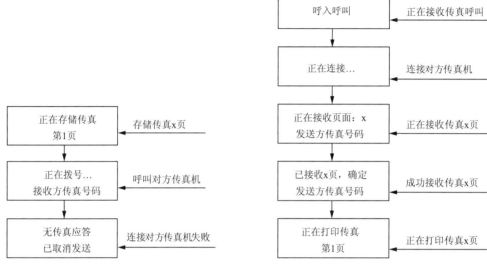

图15-11 接收方无人接收时提示信息及解释　　图15-12 自动接收传真时提示信息及解释

② 若有人接收，则接通电话后被发送方告知要发送传真，接收方需按下控制面板上的"开始传真"按钮（ 📞🖨 ），机器进入接收状态，开始接收传真。

③ 若无人接收或不想接收，则电话铃声响过后，传真被自动取消，即拒收传真。

（3）电话分机接收传真。

接收传真时，若办公人员离多功能一体机较远，不方便按控制面板上的"开始传真"按钮（ 📞🖨 ）进行接收，则可以通过附近的电话分机来接收传真，此时电话分机的"1-2-3"键相当于控制面板上的"开始传真"按钮（ 📞🖨 ）。若启用此项功能，具体设置步骤如下：

① 在多功能一体机控制面板上，按下"传真菜单"按钮（ 📄 ）。

② 使用"◁"或"▷"按钮查看，选择"更改默认值"菜单，按下"OK"按钮。

③ 使用"◁"或"▷"按钮查看，选择"高级设置"菜单，按下"OK"按钮。

④ 使用"◁"或"▷"按钮查看，选择"电话分机"菜单，按下"OK"按钮。

⑤ 使用"◁"或"▷"按钮查看，选择"开"选项，按下"OK"按钮。

4. 其他传真操作

（1）将传真发送给一组收件人。

① 将待传真的文档装入文档进纸器的进纸盘中；或放置在扫描仪玻璃板上。

② 根据发送文档的图像深浅及清晰度等要求，设置相关的参数。

③ 使用控制面板上的字母/数字小键盘输入第一个传真号码，按下"OK"按钮。

④ 如果继续输入其他传真号码，重复步骤③，则形成一个传真号组。LCD显示屏上提示信息及解释如图15-13所示（"x"代表输入传真号码的个数）。

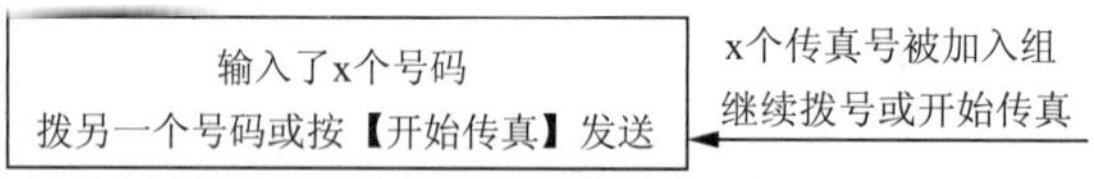

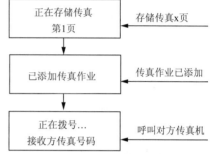

图15-13　创建传真号组时提示信息及解释

⑤ 传真号码输入完毕，按下控制面板上的"开始传真"按钮（📞📄），开始传送文件（传真会被依次发送至组中的每个传真号码）。LCD 显示屏上提示信息及解释如图 15-14 所示（"x"代表传真原件的页数）。

（2）发送延迟传真。

在工作中，可以计划在某一设定时间将传真自动发送给接收方。完成此项设置后，多功能一体机会将待传真的文档扫描到内存中，然后返回"就绪"状态，可以继续执行其他任务。具体设置步骤如下：

① 将待传真的文档装入文档进纸器的进纸盘中；或放置在扫描仪玻璃板上。

② 在多功能一体机控制面板上，按下"传真菜单"按钮（📋）。

图15-14　按传真号组发送传真时
提示信息及解释

③ 使用"◁"或"▷"按钮查看，选择"发送选项"菜单，按下"OK"按钮。

④ 使用"◁"或"▷"按钮查看，选择"以后发送传真"菜单，按下"OK"按钮。

⑤ 使用控制面板上的字母 / 数字小键盘输入发送时间，按下"OK"按钮。

⑥ 使用控制面板上的字母 / 数字小键盘输入发送日期，按下"OK"按钮。

⑦ 输入接收方的传真号码，按下"OK"按钮或"开始传真"按钮（📞📄），多功能一体机会将文档扫描到内存中，并在已设定的时间发送传真。

（3）传真转发。

在工作中，可以通过设置传真转发功能，将发送到本机的传真转发到另一个指定的传真号码。具体设置步骤如下：

① 在多功能一体机控制面板上，按下"传真菜单"按钮（📋）。

② 使用"◁"或"▷"按钮查看，选择"接收选项"菜单，按下"OK"按钮。

③ 使用"◁"或"▷"按钮查看，选择"转发传真"菜单，按下"OK"按钮。

④ 使用"◁"或"▷"按钮查看，选择"开"选项，按下"OK"按钮。

⑤ 使用控制面板上的字母 / 数字小键盘输入要转发的传真号码，按下"OK"按钮。

提 示

在使用传真转发功能时，可以将本机的应答模式设置为"自动"，这样可以实现自动接收传真并转发。

（4）手动重拨。

如果要将传真再次发送到刚拨打过的传真号码，可以手动重拨。具体操作步骤如下：

① 将待传真的文档装入文档进纸器的进纸盘中；或放置在扫描仪玻璃板上。

② 在多功能一体机控制面板上，按下"重拨"按钮（🔄）。

③ 按下控制面板上的"开始传真"按钮（📞📄），传真会被发送给重拨的号码。

④ 如果号码占线或无应答，多功能一体机会根据其重拨设置来自动重新拨打该号码。

（5）取消传真作业。

① 如果要取消正在发送中的传真作业，直接按下控制面板上的"取消"按钮（✖），则尚未传送的页面都将被取消。

② 如果要取消因遇到忙音、无呼叫应答、通信错误时正在等待重拨的传真作业；或是取消延迟传真，具体设置步骤如下：

- 在多功能一体机控制面板上，按下"传真菜单"按钮（📋）。
- 使用"◁"或"▷"按钮查看，选择"发送选项"菜单，按下"OK"按钮。
- 使用"◁"或"▷"按钮查看，选择"传真作业状态"菜单，按下"OK"按钮。
- 使用"◁"或"▷"按钮查看，选择要取消的传真作业，按下"OK"按钮。

15.4 传真机的其他设置

1. 更改明暗度设置

默认明暗度是指传真件通常使用的对比度，它会影响要发送的传真输出件的亮度和暗度。如果要更改默认明暗度，具体设置步骤如下：

（1）在多功能一体机控制面板上，按下"传真菜单"按钮（📋）。

（2）使用"◁"或"▷"按钮查看，选择"更改默认值"菜单，按下"OK"按钮。

（3）使用"◁"或"▷"按钮查看，选择"高级设置"菜单，按下"OK"按钮。

（4）使用"◁"或"▷"按钮查看，选择"浅/深"菜单，按下"OK"按钮。

（5）使用"◁"按钮向左移动滑块，使传真件比原件亮；或使用"▷"按钮向右移动滑块，使传真件比原件暗。

（6）按下"OK"按钮，保存所做的设置。

2. 更改分辨率设置

分辨率不同会影响传真件的质量和传真的速度，多功能一体机传真作业的分辨率设置选项如表15-1所示。一般出厂默认的分辨率设置为"标准"选项，如果要更改默认分辨率，具体设置步骤如下：

表15-1 传真作业分辨率设置选项及含义

分辨率设置选项	含　义
标准	生成的文件图像质量最低，但传输速度最快
精细	生成的文件图像质量比标准设置高，通常适用于文本文档
超精细	适用于文本和图像混合的文档，传输速度比精细设置慢，比照片设置快
照片	能生成最佳文件图像质量，但也大大延长了传输时间

（1）在多功能一体机控制面板上，按下"传真菜单"按钮（📋）。

（2）使用"◁"或"▷"按钮查看，选择"更改默认值"菜单，按下"OK"按钮。

（3）使用"◁"或"▷"按钮查看，选择"高级设置"菜单，按下"OK"按钮。

（4）使用"◁"或"▷"按钮查看，选择"传真分辨率"菜单，按下"OK"按钮。

（5）使用"◁"或"▷"按钮更改分辨率设置。

（6）按下"OK"按钮，保存所做的设置。

3. 更改重拨设置

如果由于接收方传真机无应答或占线等原因，导致多功能一体机无法正常发送传真，则一体机会根据"占线时重拨（默认设置为"开"）、无应答时重拨（默认设置为"关"）、通信错误时重拨（默认设置为"开"）"选项的设置进行自动重拨。具体设置步骤如下：

（1）在多功能一体机控制面板上，按下"传真菜单"按钮（📄）。

（2）使用"◁"或"▷"按钮查看，选择"更改默认值"菜单，按下"OK"按钮。

（3）使用"◁"或"▷"按钮查看，选择"高级设置"菜单，按下"OK"按钮。

（4）使用"◁"或"▷"按钮查看，选择"占线时重拨"、"无应答时重拨"或"通信错误时重拨"，按下"OK"按钮。

（5）使用"◁"或"▷"按钮查看，选择"开"或"关"选项，按下"OK"按钮。

4. 重新打印传真文件

如果由于打印碳粉盒已空或传真打印在错误类型的介质上，需要重新打印传真文件，则可以设置重新打印。最近的传真会先被打印，最早存储的传真会最后被打印。具体设置步骤如下：

（1）在多功能一体机控制面板上，按下"传真菜单"按钮（📄）。

（2）使用"◁"或"▷"按钮查看，选择"接收选项"菜单，按下"OK"按钮。

（3）使用"◁"或"▷"按钮查看，选择"打印传真"选项，按下"OK"按钮。

> **提 示**
>
> 要想在任何时候停止打印，可以按下控制面板上的"取消"按钮（✖）。由于卡纸或介质用完而不能打印传真文件，无需重新打印，在这种情况下，传真会被接收到内存中，只要清除卡纸或重新装上介质，按下"OK"按钮，传真就可以继续被打印。

5. 删除内存中的传真

为了防止有人未经允许查看并打印保存在多功能一体机内存中的传真文件，在传真作业完成后，可以删除内存中的传真，确保传真文件的保密性。具体设置步骤如下：

（1）在多功能一体机控制面板上，按下"设置"按钮（🔧）。

（2）使用"◁"或"▷"按钮查看，选择"服务"菜单，按下"OK"按钮。

（3）使用"◁"或"▷"按钮查看，选择"传真服务"菜单，按下"OK"按钮。

（4）使用"◁"或"▷"按钮查看，选择"清除保存的传真"选项，按下"OK"按钮。

（5）再次按下"OK"按钮，确认删除内存中的所有传真。

15.5　传真机的维护

1. 传真机的日常维护

（1）不要频繁开关传真机。每次开关机都会使机器内的电子元器件发生冷热变化，容易导致机器内元器件提前老化。每次开机的冲击电流也会缩短传真机的使用寿命。

（2）不要在使用过程中打开合纸舱盖。传真机的感热记录头大多安装在合纸舱盖的下面，打印时不要打开纸卷上面的合纸舱盖。另外，打开或关闭合纸舱盖的动作不宜过猛，以免造成合纸舱盖变形或感热记录头损坏。

（3）使用环境。传真机要避免受到阳光直射、热辐射，远离强磁场、潮湿、灰尘多的环境，要防止水或化学液体流入传真机内而损坏电子线路及器件。

（4）放置位置。传真机应当放置在室内的平台上，左右两侧与其他物品要保持一定的空间距离，以免造成干扰并利于通风，前后方应保持30厘米的距离，以方便原稿与记录纸的输出操作。

（5）使用标准的传真纸。应参照传真机说明书，使用推荐的传真纸。劣质传真纸的光洁度不够，使用时会对感热记录头和输纸辊造成磨损。

（6）定期清洁。要经常使用柔软的干布清洁传真机，保持其外部的清洁。对于传真机内部，最好每半年清洁保养一次。

2. 传真机的常见故障排除

（1）初始设定时的常见故障及排除方法。

① 拨打电话时听不到拨号声音。检查是否连接了电源线；检查电话线连接是否正确。

② 本机无响铃声音。检查电话线连接是否正确；检查是否关闭了电话响铃音量。

（2）发送传真时的常见故障及排除方法。

① 不能发送传真。检查电话线连接是否正确；接收方传真机占线或记录纸用完；接收方传真机的应答模式可能设置为"手动"，需要手动接收传真或将应答模式设置为"自动"。

② 已发送的传真未到达接收传真机。确认是否正确装入传真原件；传真可能因正在等待重拨占线号码、在它之前还有其他正在等待发送的传真作业等情况而仍处于内存中；接收方传真机可能出现错误。

（3）接收传真时的常见故障及排除方法。

① 不能接收传真。检查电话线连接是否正确；检查是否记录纸已用完或有尚未清除的卡纸故障；检查存储器容量是否已满；传真机的应答模式可能设置为"手动"，需要手动接收传真或将应答模式设置为"自动"。

② 打印质量差。检查是否需要清洁热敏头；检查打印碳粉盒是否碳粉不足；对方发送的文档可能不清晰或对方传真机有问题。

实 践 操 作

（1）恢复多功能一体机的默认设置。

（2）设置传真时间、日期和传真标题。

（3）通过传真，甲、乙双方完成一份合同的签订。

（4）作为发送方将一份传真发送给多个接收方。

（5）设置一份延迟传真发送给接收方。

（6）甲、乙、丙三方，甲方作为发送方，乙方作为转发方，丙方作为接收方，完成传真的转发。

（7）作为发送方将一份证件传真给接收方。

第16章

光盘刻录机

随着信息化的发展，办公中所使用的数据量急剧增加，大量数据的保存、转换和共享变得尤为重要。由于光盘具有可长期保存数据、成本低、携带方便等优势，所以大家会使用刻录技术将数量庞大的重要数据刻录在光盘上，从而提高管理水平和工作效率。

16.1　光盘刻录机的分类

光盘刻录机的种类从不同的角度，可进行如下划分：

1. 按照刻录机和主机箱的相对位置进行划分可分为内置式和外置式

图 16-1 所示为一款内置式刻录机，它需要安装在主机箱内部；图 16-2 所示为一款外置式刻录机，它方便移动，通过 USB 接口与主机连接。使用外置式刻录机时不宜将刻录速度设置过高，因为 USB 接口的速度不高，若数据传输不够稳定，会导致刻录失败。

图16-1　内置式刻录机

图16-2　外置式刻录机

2. 按照刻录机所处理的盘片类型进行划分可分为CD刻录机、DVD刻录机和BD刻录机

CD 刻录机仅能刻录和读取 CD 光盘，由于其局限性，市面上这类刻录机已经很少；DVD 刻录机可以刻录和读取 DVD 光盘以及 CD 光盘；BD（Blu-ray Disc，蓝光光盘）刻录机能够读写所有格式的光盘，包括蓝光光盘。蓝光光盘是新一代的光盘格式，用于高画质影音以及高容量资料的储存，市场价格相对较高。

16.2　光盘刻录机的工作原理

任何类型的刻录机都有激光头，在刻录过程中，激光头将激光束聚焦并按照数据的要求在光盘上烧蚀出来许多"凹坑"，这些所谓的"凹坑"具有特定的宽度和深度，并且长短不一，从而构成了数据刻录层，如图 16-3 所示。光盘上还存在螺旋状轨迹，数据就刻录在螺旋沟槽之中。由于光盘存在凹坑和非凹坑，凹坑代表计算机中的二进制数"0"，而没有通过激光刻录的非凹坑平坦部分代表二进制数"1"。因此，读取数据时激光头就会得到不同的激光反射率，由此而获得不同的信号，模拟出二进制数据"0"和"1"的信息，就可以使用光盘中的数据了。刻录机之所以有 CD、DVD、BD 刻录机之分，除所用盘片有着本质的不同外，主要区别是激光强度和波长不同。

CD、DVD 光盘均采用红色激光读写盘片，CD 光盘容量通常为 700MB 左右；DVD 光盘容量通常达到单面单层 4.7GB，单面双层 8.5GB 左右；蓝光光盘采用蓝色激光读写，常见的蓝光光盘容量能够达到单面单层 25GB，单面双层 50GB，双面双层 100GB。100GB 的蓝光光盘价格偏高，多数是单片售卖。三种光盘写入功能的对比如图 16-4 所示。

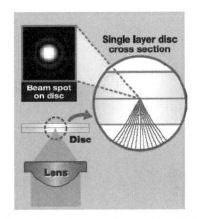

图16-3 光盘刻录机工作原理示意图

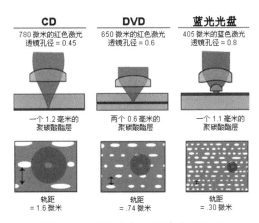

图16-4 三种光盘写入功能对比图

16.3 光盘刻录机的使用方法

下面介绍光盘刻录机的使用方法，以刻录 CD 光盘为例，DVD 光盘的刻录过程与之相类似。

1. Windows操作系统自带的光盘刻录功能

从 Windows XP 开始，Windows 系统中就自带了光盘刻录功能，它简单、易操作，无需任何刻录软件就可以通过刻录机将数据保存到光盘。本章将以 Windows7 操作系统为例，介绍操作系统自带的刻录功能。

把一张空白 CD 光盘放入刻录机中，将自动弹出"自动播放"对话框，有两个"空白 CD 选项"，用户可根据需求进行选择，如图 16-5 所示。

1)"刻录音频 CD"选项。

选择"刻录音频 CD"选项，在弹出的"Windows

图16-5 光盘自动播放对话框

Media Player"对话框中,参照图 16-6 选择"推荐设置"选项,单击"完成"按钮,弹出"Windows Media Player"主窗口, 如图 16-7 所示。

图16-6 "Windows Media Player"对话框

图16-7 "Windows Media Player"主窗口

Windows Media Player 提供了刻录两大类光盘的选项:"音频 CD"和"数据 CD 或 DVD"。选择的光盘刻录类型取决于要复制的内容(例如:是仅刻录音乐还是刻录音乐、视频与图片的组合)、要复制的材料的数量(例如:是一个唱片集还是很多唱片集),以及用于播放光盘的设备类型(例如:是车载 CD 播放机还是计算机)。

(1)刻录"音频 CD"光盘。

① 在图 16-7 所示的"Windows Media Player"主窗口中,单击"刻录"选项卡 |"刻录选项"按钮(☑▼),在图 16-8 所示的菜单中选择"音频 CD"选项。

② 将需要刻录到光盘中的音频文件复制、剪切或拖动到空白光盘窗口的刻录列表区中,单击"开始刻录"按钮,刻录机开始工作,窗口中将显示刻录进度, 如图 16-9 所示。

图16-8 刻录菜单　　　　　　　　图16-9 "Windows Media Player"刻录过程

③ 刻录完成后，将光盘放回刻录机中，光盘将自动播放，如图16-10所示。

该刻录方式制作出的是标准音乐CD光盘，几乎可以在所有CD播放机中播放，光盘中只能包含大约80分钟的音乐。刻录音频CD时，Windows将WMA、MP3等格式的文件进行格式转换后刻录到光盘，结果如图16-11所示。

图16-10 自动播放刻录文件

> **提 示**
>
> 该格式刻录的光盘不可以追加、删除文件。

（2）刻录"数据CD或DVD"光盘。

① 在图16-7所示的"Windows Media Player"主窗口中，单击"刻录"选项卡 | "刻录选项"按钮（☑▼），在图16-12所示的菜单中选择"数据CD或DVD"选项。

② 将需要刻录到光盘中的文件复制、剪切或拖动到空白光盘窗口的刻录列表区中，单击"开始刻录"按钮，刻录机开始工作，窗口中将显示刻录进度，如图16-13所示。

图16-11 刻录结果　　　　　　　　图16-12 "Windows Media Player"刻录过程

图16-13　刻录菜单

　　该刻录方式可以制作出包含几个小时音乐的光盘，还可以将图片和视频等各类文件添加到数据光盘。但是，该刻录方式的显著缺点是刻录成的数据光盘并非能够在所有 CD 或 DVD 播放机中播放。刻录"数据 CD 或 DVD"时，Windows 不会对文件进行格式转换，打开各级目录能够查看到，刻录的文件仍保持原来的格式。

> **提　示**
>
> 该格式刻录的光盘不可以追加、删除文件。

　　2）"将文件刻录到光盘"选项。

　　在图 16-14 所示的"自动播放"对话框中选择"将文件刻录到光盘"选项，将弹出图 16-15 所示的"刻录光盘"对话框。

图16-14　光盘自动播放对话框

　　（1）刻录"类似于 USB 闪存驱动器"光盘。

　　① 在图 16-15 所示的"刻录光盘"对话框中选择"类似于 USB 闪存驱动器"选项，单击"下一步"按钮，系统会对空白光盘进行格式化，如图 16-16 所示。

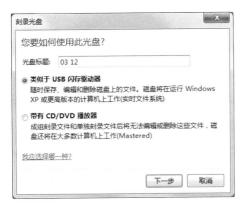

图16-15　"刻录光盘"对话框

图16-16　光盘格式化

② 格式化完毕，将自动弹出空白光盘窗口，如图 16-17 所示。

图16-17　空白光盘窗口

③ 将需要刻录到光盘中的文件复制、剪切或拖动到空白光盘窗口中，刻录机自动将相关文件刻录到光盘中，如图 16-18 所示。

④ 完成光盘的刻录后，结果如图 16-19 所示。

该方式是以实时文件系统格式进行刻录，工作方式类似于使用 U 盘。

图16-18　刻录过程

提　示

　　该光盘中的文件可以随时保存、编辑和删除。向光盘中继续追加文件时，只需将文件复制、剪切或拖动到空白光盘窗口中；删除文件时，只需右击选择删除该文件。

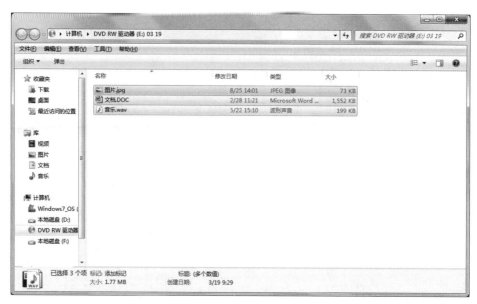

图16-19　刻录结果

（2）刻录"带有 CD/DVD 播放器"光盘。

① 在图 16-15 所示的"刻录光盘"对话框中选择"带有 CD/DVD 播放器"选项，单击"下一步"按钮，系统不会对空白光盘进行格式化，而是直接打开空白光盘。

② 将需要刻录到光盘中的文件复制、剪切或拖动到空白光盘窗口中，如图 16-20 所示。

图16-20　添加写入光盘的文件

③ 单击工具栏中的"刻录到光盘"按钮，启动"刻录到光盘"向导，参照图 16-21 设置光盘的标题和刻录速度，单击"下一步"按钮，将完成光盘的刻录，结果如图 16-22 所示。

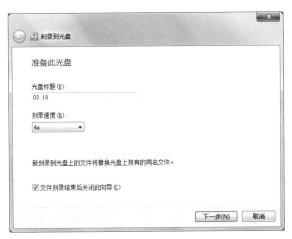

图16-21 "刻录到光盘"对话框

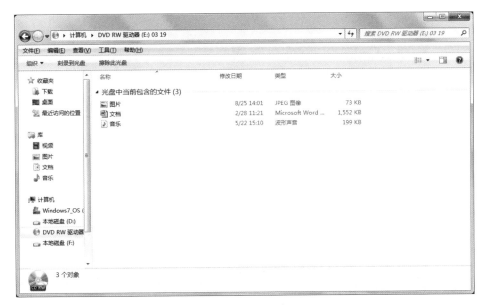

图16-22 刻录结果

该方式是以 Mastered 格式进行刻录，刻录出的光盘可以在计算机或任何电子设备（如 CD 播放机、DVD 播放机、蓝光光盘播放机）上播放。

提 示

该光盘可以多次追加刻录，向光盘中继续追加文件时，需要将文件复制、剪切或拖动到空白光盘窗口中，单击工具栏中的"刻录到光盘"按钮；但是已刻录在光盘中的文件无法编辑或删除。

2. 刻录软件

为了能让刻录机充分发挥功能，还可以使用刻录软件。目前常用的几款刻录软件有：光盘刻录大师、Nero 和 Ones 等。下面以光盘刻录大师为例进行介绍。

光盘刻录大师是一款操作简单、功能强大的刻录软件，其功能不仅涵盖了数据刻录、光盘备份与复制、影碟光盘制作、音乐光盘制作等大众功能，更配有音视频格式转换、音视频编辑、CD、DVD 音视频提取等多种媒体功能，其刻录速度快且成功率高，拥有友好的操作界面，办公中使用它进行刻录比较方便快捷。

光盘刻录大师的工具主要分为三大类，分别是刻录工具、视频工具、音频工具。每一类中包含的工具项分别如图 16-23、图 16-24、图 16-25 所示。

图16-23　刻录工具

图16-24　视频工具

图16-25 音频工具

下面介绍几种常用的刻录类型：数据光盘、音乐光盘、影视光盘以及光盘映像刻录。

（1）刻录数据光盘。

① 在图16-23所示的光盘刻录大师主界面中，单击"刻录工具"|"刻录数据光盘"，弹出"数据刻录"窗口。

② 在图16-26所示的"数据刻录"窗口中选择刻录光盘类型及添加刻录数据，此处添加的数据可以是文本、图片、音频、视频等计算机能够处理的各类信息，单击"下一步"按钮。

图16-26 选择刻录光盘类型及添加刻录数据

③ 参照图 16-27 选择正确的目标设备，同时用户可根据需要对光盘卷标、刻录速度等参数进行设置。单击"下一步"按钮，开始刻录数据光盘。

图16-27　选择刻录光驱并设置参数

④ 在图 16-28 所示的窗口中能够查看到数据光盘刻录的进度，直至提示"刻录已经成功完成"，并且光盘自动从刻录机中弹出，则表示刻录过程已成功完成。

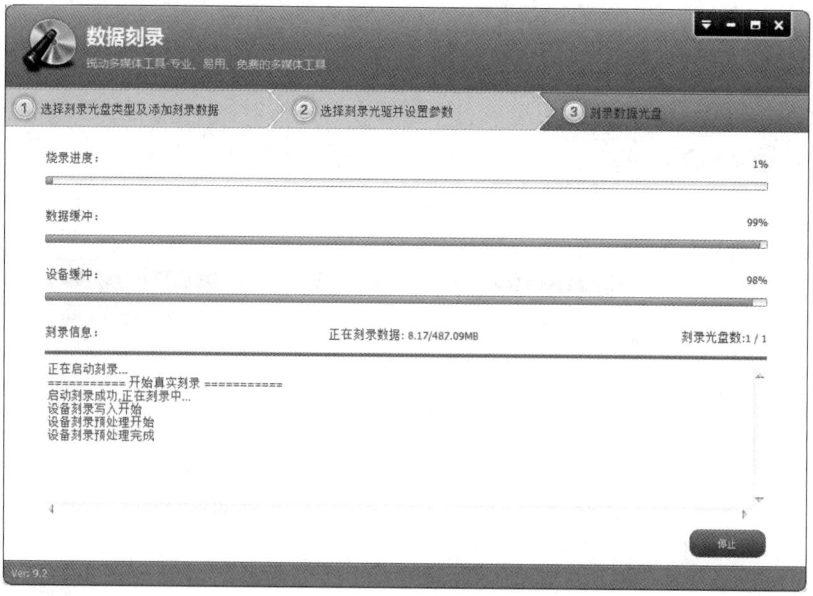

图16-28　刻录数据光盘

以后若向该光盘中继续追加数据，将弹出图 16-29 所示的提示对话框，单击"确定"按钮，进行追加数据的刻录。

图16-29 追加刻录数据提示对话框

（2）刻录音乐光盘。

① 在图 16-23 所示的光盘刻录大师主界面中，单击"刻录工具"|"刻录音乐光盘"，弹出"刻录音乐光盘"窗口。

② 在图 16-30 所示的"刻录音乐光盘"窗口中选择制作光盘类型并添加要刻录的音乐文件，单击"下一步"按钮。

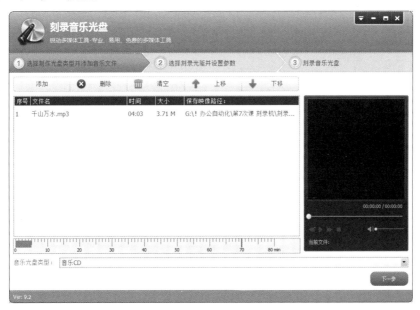

图16-30 选择制作光盘类型并添加音乐文件

③ 参照图 16-31 选择正确的刻录机，同时用户可根据需要对刻录方式、刻录速度等参数进行设置，单击"开始刻录"按钮。

④ 在图 16-32 所示的窗口中能够查看到音乐光盘刻录的进度，直至提示"刻录成功"，并且光盘自动从刻录机中弹出，则表示刻录过程已成功完成。

图16-31　选择刻录光驱并设置参数

图16-32　刻录音乐光盘

⑤ 打开刻录的音乐光盘，如图 16-33 所示，能够查看到音乐被
转换成 CD 音频轨道的形式存放，获得的音乐光盘具有良好的通用性。

（3）刻录影视光盘。

① 在图 16-24 所示的光盘刻录大师主界面中，单击"视频工
具"|"制作影视光盘"，弹出"影视光盘制作"窗口。

② 在图 16-34 所示的"影视光盘制作"窗口中选择视频光盘的
类型，单击"下一步"按钮。

图16-33　音乐光盘

图16-34 选择视频光盘类型

③ 依次完成添加视频文件、设置刻录参数、刻录视频等操作，其步骤与刻录数据光盘、音乐光盘类似，此处不再赘述。

④ 打开刻录的影视光盘，如图 16-35 所示，能够查看到光盘与 VCD（SVCD、DVD）影碟内容结构相同，因此获得的影视光盘具有良好的通用性。

（4）刻录光盘映像。

光盘映像主要用于刻录系统盘或者大型游戏。刻录光盘映像前需要先制作光盘映像文件。具体操作方法如下：

① 在图 16-23 所示的光盘刻录大师主界面中，单击"刻录工具"|"制作光盘映像"，弹出"制作光盘映像文件"窗口。

② 将源盘放入刻录机后，在图 16-36 所示的"制作光盘映像文件"窗口中选择源光驱并对映像类型、读速度、映像文件存放路径等参数进行设置，单击"开始压制"按钮，映像文件将在指定的路径产生。

图16-35 影视光盘

制作好光盘映像文件后，就可以刻录光盘映像了，具体操作方法如下：

① 在图 16-23 所示的光盘刻录大师主界面中，单击"刻录工具"|"刻录光盘映像"，弹出"刻录光盘映像"窗口。

② 将空白光盘放入刻录机中，参照图 16-37 选择要刻录的映像文件（光盘刻录大师当前支持的映像格式有：ISO，BIN，CUE，NRG，CCD，IMG，DVD，MDF，MDS，APE 等），单击"下一步"按钮。

③ 依次完成选择刻录机、设置刻录参数、刻录映像光盘等操作，直至映像文件被成功刻录至光盘。

图16-36　选择源光驱并设置映像文件输出路径

图16-37　选择要刻录的映像文件

16.4　光盘刻录机的维护

1．光盘刻录机的日常维护

（1）避免大量的读取操作。刻录机最核心的功能就是进行刻录，它的内部结构决定了如果长期用它读取大量数据，不但读取速度比较慢，而且会对刻录机的光头产生破坏。

（2）控制刻录速度。在进行光盘刻录的过程中应尽量不选择最高的刻录速度，特别是质量较差的刻录盘。如果选择的刻录速度过高，可能导致写入错误、刻录失败等结果。

（3）要保证被刻录的数据连续。由于刻录机在刻录过程中必须要有连续不断的资料供给，如果缓冲区空缺而使刻录机得不到资料，就会导致刻录失败。

（4）注意散热。刻录机工作时会产生大量的热量，如果刻录机内的热量无法及时地被排散出去，会对内部的元件造成损害。

2. 光盘刻录机的常见故障排除

（1）安装刻录机后无法启动电脑。首先切断计算机供电电源，打开机箱检查刻录机接口位置是否正确连接。

（2）刻录软件在刻录光盘的过程中出现"Buffer Under Run"等错误提示信息。在刻录之前尽量关闭一些常驻内存的程序，比如关闭光盘自动插入通告、防病毒软件、Window 任务管理、计划任务程序、屏幕保护程序等。

实 践 操 作

（1）刻录数据光盘。
（2）将 MP3、WMA 等格式的音频文件刻录成 CD 音频光盘。
（3）将 MP4、WMV 等格式的视频文件刻录成影视光盘。
（4）复制 Windows 系统光盘。
（5）将 Windows 系统光盘制作成 ISO 映像文件并保存。
（6）下载 Windows 的 ISO 系统映像文件，把它刻录至光盘，生成系统光盘。

第章

投 影 仪

多媒体投影仪是一种可以将视频信号进行显示的大屏幕投影系统设备。它可以通过不同的接口与计算机、VCD、DVD、BD、游戏机、DV 等设备相连接并播放相应的视频信号，已经被广泛地应用于教育、办公等领域。投影大屏幕如图 17-1 所示，投影仪外观如图 17-2 所示。

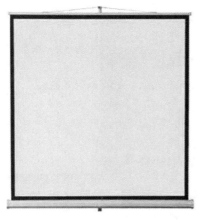

图17-1 投影大屏幕

图17-2 投影仪外观

17.1 投影仪的分类

目前，市场上的投影仪种类繁多，性能各异。从结构、安装方式、工作原理和应用环境等方面可以将投影仪大致分类如下：

（1）根据投影仪的结构可以分为：便携式、台式和立式投影仪。

（2）根据投影仪的安装方式可以分为：整体式（折射背投、折射前投）和分离式（正面投影、背面投影）投影仪。

（3）根据投影仪的工作原理可以分为：CRT 投影仪（阴极射线管）、LCD 投影仪（液晶板、液晶光阀）和 DLP 投影仪（单片机、两片机、三片机）。

（4）根据投影仪的应用环境可以分为：家庭影院型、便携商务型、教育会议型、主流工程型和专业剧院型投影仪。

17.2 投影仪的工作原理

投影仪主要采用三种投影技术，即 CRT 投影技术、LCD 投影技术和 DLP 投影技术。不同的投影技术决定了其不同的工作原理。

1. CRT投影技术

CRT 投影仪的成像器件是 CRT 管（阴极射线管），它是最早实现的一种投影技术。这种投影仪把输入信号源分解到 R（红）、G（绿）、B（蓝）三个 CRT 管的荧光屏上，在高压作用下，经过光学系统放大、汇聚，在大屏幕上显示出彩色图像。光学系统与CRT管组成投影管。通常所说的三枪投影仪就是由三个投影管组成的投影仪。

2. LCD投影技术

LCD 投影仪主要由液晶体、光路系统、电路系统三部分组成，其工作原理如图 17-3 所示。

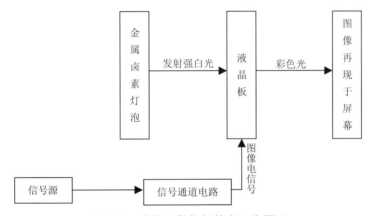

图17-3 液晶投影仪的基本工作原理

"液晶"是液态晶体的简称。在电场的作用下，液晶分子的排列发生变化，从而影响它的透光性，这种现象称为"电光效应"。利用电光效应，通过控制液晶板上不同位置的电压，达到控制液晶板不同点对不同色的透光能力。液晶板在外来电信号的驱动下使液晶发生变化，板上出现与外来电信号对应的图案。当强光源发出的光通过液晶板被镜头汇聚于屏幕上时，屏幕上就映出了与液晶板上图案相同的画面。

3. DLP投影技术

DLP 投影技术的诞生实现了数字信息显示。数字光处理器（Digital Light Processor，DLP）以数字微反射器（Digital Micromirror Device，DMD）作为光阀成像器件。一个 DLP 电脑板由模数解码器、内存芯片、影像处理器及几个数字信号处理器组成。所有文字图像经过这块板产生一个数字信号，经过处理后数字信号转到 DLP 系统的心脏 DMD。光束则通过一个高速旋转的三色透镜被投射在 DMD 上，然后通过光学透镜投射在大屏幕上完成图像投影。根据所用 DMD 的片数，DLP 投影仪可以分为单片机、两片机和三片机。

17.3　投影仪的使用方法

1. 连接投影仪与笔记本电脑

连接投影仪与笔记本电脑时，需要根据设备接口准备相对应的数据线（如 VGA 线、HDMI 线）。投影仪的接口如图 17-4 所示，笔记本电脑的接口如图 17-5 所示，VGA 线如图 17-6 所示，HDMI 线如图 17-7 所示。

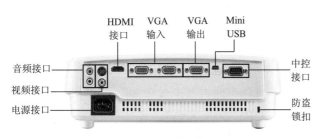

图17-4　投影仪接口

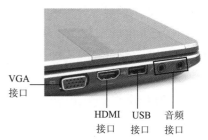

图17-5　笔记本电脑接口

图17-6　VGA线

图17-7　HDMI线

（1）用 VGA 线或者 HDMI 线连接投影仪与笔记本电脑相对应的接口。

（2）通过组合键【Fn+F*】（F* 代表 F1~F12 中的一个按键）切换至双输出模式，电脑和投影仪将同步显示画面。不同品牌、不同型号的笔记本电脑切换快捷键有所不同。部分品牌的笔记本电脑与投影仪切换快捷键如表 17-1 所示。

表17-1　部分品牌的笔记本电脑与投影仪切换快捷键

品　　牌	切换快捷键	品　　牌	切换快捷键
夏普	【Fn+F3】	宏基	【Fn+F5】
联想	【Fn+F4】	索尼	【Fn+F7】
三星	【Fn+F4】	华硕	【Fn+F8】
惠普	【Fn+F4】	戴尔	【Fn+F8】

（3）如果电脑或投影仪上没有显示画面，可以通过下列两种方法进行设置。

① 在桌面上右击弹出快捷菜单，选择"屏幕分辨率"选项，弹出"更改显示器的外观"窗口，参照图 17-8 选择"多显示器"|"复制这些显示"选项，则电脑和投影仪将同步显示画面。

图17-8　"更改显示器的外观"窗口

② 投影仪与笔记本电脑连接完毕后，直接按下【Windows+P】组合键，弹出图 17-9 所示的界面，选择"复制"选项，则电脑和投影仪将同步显示画面。界面中各项说明如下：

- 仅计算机：只在计算机上显示画面。
- 复制：投影仪和计算机显示的画面相同。
- 扩展：投影仪和计算机显示的画面可以不相同。
- 仅投影仪：只在投影仪上显示画面。

图17-9　选择投影仪与计算机显示方式界面

提　示

　　在连接投影仪和笔记本电脑时，如果二者的接口规格不一致，可以通过相应的转换器进行接口转换。HDMI 转 VGA 线转换器如图 17-10 所示，VGA 转 HDMI 线转换器如图 17-11 所示。

图17-10　HDMI转VGA线转换器

图17-11　VGA转HDMI线转换器

另外，如果将一台设备的信号在多个设备上同时输出，可以通过分配器设备将信号分路，使画面通过投影仪、显示器、电视机等设备同步显示。图 17-12 是将一个 VGA 信号分配到三台设备上同时输出的示意图。

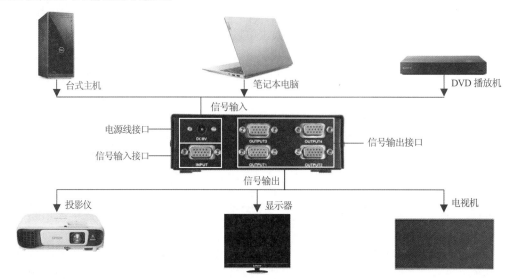

图17-12　一个VGA信号分配到三台设备上同时输出

2. 投影仪的使用方法

（1）打开与投影仪连接的计算机或视频源。

（2）将投影仪主机上的主电源开关键按至"ON"位置，开启投影仪的主电源。

（3）按下投影仪主机上或遥控器上的待机转换电源开关键开启投影仪，电源指示灯变为绿色，投影仪开始工作。

（4）在使用过程中，如果需要调整投影图像或是设置参数，可以通过遥控器上的菜单键"MENU"设置相应的参数，也可以通过自动调整键"AUTO"自动调整图像。

（5）使用完毕后，先按下投影仪主机上或遥控器上的待机转换电源开关键关闭投影仪，直到投影仪的散热风扇停止转动、电源指示灯变为橙色后，再关闭投影仪的主电源开关。

> **提 示**
>
> 投影仪设有两个开关：主电源开关（在投影仪主机上）和待机转换电源开关（在投影仪主机或遥控器上）。

17.4　投影仪的维护

1. 投影仪的日常维护

（1）注意使用环境的防尘和通风散热。要定期清洗进风口处的滤尘网；要保持投影仪工作时排风通畅，周围不要放置任何影响其通风的障碍物。

（2）定期清洁投影仪机身和镜头。使用湿布或温和的清洁剂来清洁机身；使用气泵或镜头纸来清洁镜头。

（3）尽量避免投影仪连续工作。如果需要长时间投影工作，建议工作5小时左右，关机让其冷却半小时左右，然后再进行正常的投影工作。

（4）关机时，一定等待机器散热完毕后自动停机才能切断电源。在机器散热状态下断电是造成投影仪损坏并返修的原因之一。

（5）不要频繁开关机，否则容易造成投影仪内部的光学器件受损。一般开关机操作要间隔3 ~ 5分钟左右的时间。

　2. 投影仪的常见故障排除

（1）投影仪不能开机。检查电源是否正常；检查电源线是否与投影仪正确连接；检查投影仪或遥控器的电源开关是否打开；检查投影仪是否过热，灯泡是否工作。

（2）投影仪已打开，但屏幕没有图像。检查连接线是否连接正确，连接线插头是否插上或接触不良；调整投影仪的亮度和对比度；检查笔记本电脑的外部视频接口是否开启。

（3）屏幕上的图像太宽或太窄。调整投影仪的焦距或位置；调整计算机和投影仪的分辨率参数，让二者相互匹配。

（4）投影的文字或图像模糊。调整投影仪的焦距；确认投影仪到屏幕之间的距离在镜头的调整范围内；检查投影仪镜头是否需要清洁。

（5）投影仪在工作过程中突然关机。检查是否由于人为因素导致投影仪关闭；投影仪是否自身启动了热保护功能，若是则需要在投影仪自动关机半小时后，再按照正常的开机顺序打开投影仪。

实 践 操 作

（1）连接投影仪与笔记本电脑，并同步显示画面。
（2）打开投影仪，通过计算机与投影仪同步演示刻录在光盘上的数据。
（3）关闭投影仪，并掌握在什么状态下才能切断电源。

第章

碎 纸 机

在现代办公活动中，对文件的保密要求越来越高，经常需要对一些文件进行销毁，这时可以采用碎纸机来进行处理。碎纸机已经成为军事部门、政府机关、公司、团体等在办公中必不可少的设备。

18.1　碎纸机的分类

碎纸机按照用途可以分为两大类，个人／家用型碎纸机和办公／商用型碎纸机。

1. 个人/家用型碎纸机

个人／家用型碎纸机通常对一次送入的纸张数量有严格的限制，以避免产生碎纸机堵塞或损坏的问题。一般来说，个人／家用型碎纸机一次能够处理2~8页纸张。外观如图 18-1 所示。

2. 办公/商用型碎纸机

办公／商用型碎纸机体积较大，一次能够处理多页文档。这些型号的碎纸机由大功率的马达驱动，能够长时间地处理文档。外观如图 18-2 所示。

图18-1　个人/家用型碎纸机外观

图18-2　办公/商用型碎纸机外观

18.2 碎纸机的工作原理

碎纸机的工作原理很简单，它是由一组旋转的刀片、纸梳和驱动马达组成。纸张从相互咬合的刀刃中间送入，被分割成很多细小的碎片，以达到粉碎、销毁、保密的目的。根据碎纸刀的组成方式，碎纸机的碎纸方式有碎状、粒状、段状、沫状、条状、丝状等。不同的碎纸方式适用于不同的场合，一般的办公场合选择段状、粒状、丝状、条状，而保密要求较高的场合就一定要采用沫状碎纸方式。

选购碎纸机主要考虑三个方面：处理对象的材质、处理的纸张数量和纸质文件内容的保密等级。

18.3 碎纸机的使用方法

1. 碎纸机的安全使用

（1）将碎纸机放置在靠近插座的地方使用，以方便紧急切断电源。

（2）使用时要注意机器面板上的安全警示标志，防止衣服、领带、首饰或头发等卷入进纸口，以免造成意外损伤。

（3）为了延长机器的使用寿命，正常碎纸量应该低于最大碎纸量。

（4）当一次性碎纸过多时，必须将纸张垂直放入进纸口，不得倾斜。

（5）进行碎纸操作时，手指要远离进纸口至少5公分，以防发生意外。

（6）碎纸机使用完毕要关闭电源，要在断电状态下清空碎纸箱。

2. 碎纸机的使用方法

目前，办公使用的碎纸机在操作方法上基本没有太大的区别，不同品牌和不同价格的机器仅会在功能上有一定的差别。图18-3为科密C-638碎纸机的外观及面板功能介绍。

图18-3 科密C-638碎纸机外观及面板功能

- AUTO：自动进纸键。打开电源开关，电源指示灯亮，机器默认处于自动进纸工作状态。
- FWD：手动进纸键。长按该键机器处于手动进纸工作状态，松开该键则返回自动进纸工作状态。
- REV：手动退纸键。长按该键机器处于手动退纸工作状态，松开该键则返回自动进纸工作状态。

下面以科密 C-638 碎纸机为例介绍碎纸机的使用方法。

（1）插上电源插座，打开电源开关"On 或 1"，电源指示灯亮，机器默认处于自动进纸工作状态，如图 18-4 所示。

图18-4　自动进纸工作状态

（2）用手捏住纸张上方，将要粉碎的纸张垂直放入进纸口进行粉碎。图 18-5 为正确的操作方法示意图，图 18-6 为错误的操作方法示意图。

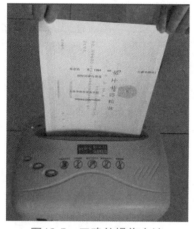 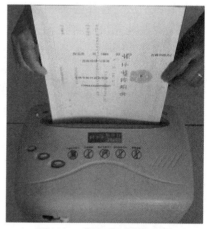

图18-5　正确的操作方法　　　　　　图18-6　错误的操作方法

（3）若误放入有用文件，可长按"REV"键将文件退出，如图 18-7 所示。

（4）碎纸完毕后，关闭电源开关"Off 或 0"，电源指示灯灭，才能清空碎纸箱。图 18-8 为粉碎后的纸屑。

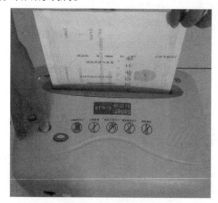 

图18-7　退纸方法　　　　　　　　图18-8　粉碎后的纸屑

18.4　碎纸机的维护

1. 碎纸机的日常维护

（1）每次碎纸量应低于机器规定的最大碎纸量。没有说明可以碎光盘、信用卡等物品的机器，不要将其放入碎纸机内粉碎。

（2）不要将硬金属、塑料、胶带或布类等放入机器，以免对机器刀具造成不必要的磨损，从而降低碎纸性能。

（3）碎纸箱满后要及时清理，以免影响机器正常工作。

（4）清洁机器外壳时，要先切断电源，用软布沾上温和的清洁剂轻擦，不要让清洁液进入机器内部，不要使用漂白粉、汽油等刷洗。

（5）不要将机器长时间置于有热源的地方或潮湿的环境中使用。

2. 碎纸机的常见故障排除

（1）碎纸机不通电。检查电源线是否连接好；检查开关是否打开；检查碎纸箱是否放置好。

（2）碎纸过程中卡纸。如果碎纸过程中纸张被卡住，一般可以长按"REV"反转键退出纸张；如果仍不行，切断电源后用细长杆剔去堵住的纸张，清理差不多时连续几次正反转就可以正常工作了。

（3）碎纸机有异响。检查刀具是否有损坏；检查碎纸屑是否太多，影响刀具正常工作；带电检查整机是否有摆动。

（4）碎纸机不进纸。可能是传感器、电路板、电机等硬件故障，送到相关维修部门进行检查。

（5）碎纸机自动停机。碎纸过量，碎纸机自动退纸停机；电机过热，碎纸机自动停机保护；碎纸箱没有完全放置好，碎纸机自动断电。

实　践　操　作

（1）观察碎纸机面板上的各个部分，并说明其功能。

（2）将一份需要保密的文件在"自动进纸工作状态"下粉碎。

（3）将一份需要保密的文件在"手动进纸工作状态"下粉碎。

（4）将正在粉碎的保密文件退出。

（5）处理碎纸过程中的卡纸故障。

（6）清空碎纸箱中的纸屑。

第三部分
办公自动化实验

【 课堂实验设计 】

课堂实验设计针对每一章节的办公自动化硬件设备（包括微型计算机、考勤机、数码照相机、扫描仪、打印机、复印机、传真机、刻录机、投影仪、碎纸机）与相关的应用软件（包括协同办公系统、考勤系统、Office 办公软件、制作系统安装盘软件、音视频处理软件、图像处理软件、扫描软件、图文识别转换软件、传真软件、刻录软件等），通过模拟真实办公场景设计实验案例，学生以小组为单位，协作完成七个课堂实验。课堂实验设计详见下表。

课堂实验设计

训 练 内 容	实 验 任 务	备 注
实验一 微机硬件组装与系统安装 人脸指纹考勤机的使用	熟悉微机硬件组成的主要部件及组装过程 熟悉考勤数据的导入导出，指纹的采集和考勤过程 掌握 Windows 操作系统的光盘和 U 盘安装方法	课堂完成实验 课后完成实验报告
实验二 数码照相机的使用	掌握数码照相机的各种拍摄方法和拍摄技巧 掌握图像辅助拼接软件的使用方法	课堂完成实验并提交结果 小组自主研究手机的拍摄方法
实验三 扫描仪的使用	掌握扫描软件的各种扫描方法 掌握图像文字转换软件的使用方法 掌握对识别转换后文档进行校正的技巧	课堂完成实验并提交结果
实验四 打印机的使用 碎纸机的使用	掌握打印机的使用方法 掌握各类文档的打印参数设置	课堂完成实验并提交结果 小组自主研究碎纸机的使用
实验五 复印机的使用	掌握复印机的参数设置 掌握各类文档的复印方法	课堂完成实验并提交结果
实验六 传真机的使用	掌握传真机的参数设置 掌握传真的发送、接收方法	课堂完成实验并提交结果
实验七 刻录机的使用 投影仪的使用	掌握刻录软件的使用方法 掌握各种类型光盘的刻录过程 使用投影仪演示刻录实验结果	课堂完成实验并提交结果 （每组准备三张可读写光盘 CD-R/DVD-R）

【 综合实验设计 】

该实验是融合办公自动化软、硬件内容于一体的综合性实验。学生综合运用所学的办公自动化软、硬件知识，结合网络查询，完成办公案例的设计。具体要求如下：

（1）参考教材"第一部分 办公自动化软件应用"内容或者结合日常学习、工作中常用的办公自动化软、硬件，小组分工协作完成一个"办公案例"的设计。

（2）小组成员根据"办公案例"设计的分工，各自撰写实验报告。

（3）将"办公案例"的设计思路与过程制作成 PowerPoint 演示文稿，向所有同学进行演示和讲解。

（4）提交"办公案例"的结果文件、PowerPoint 演示文稿和实验报告。